JN215480

徳丸 晋――――著

ハモグリバエ

防除ハンドブック

6種を見分けるフローチャート付

農文協

ハモグリバエが５倍捕れる裏ワザ

黄色に誘引される
習性を利用した防除法

成虫（トマトハモグリバエ）

黄色粘着フィルムの
張り方を変えるだけで

垂 直

水 平

誘殺数
５倍！

（詳しくは47ページ）

簡易識別フローチャート

6種ハモグリバエ

注　この見分け方は、あくまでも現場で簡易的に行なう方法。正確な種の同定は、雄成虫の生殖器の形状の違い（37ページ）、もしくはPCR法（遺伝子解析法の1つ）により行なう

卵から成虫までの姿と特徴

アシグロハモグリバエ	ナモグリバエ	ネギハモグリバエ	
			成虫
 土中	 葉内	 土中	蛹
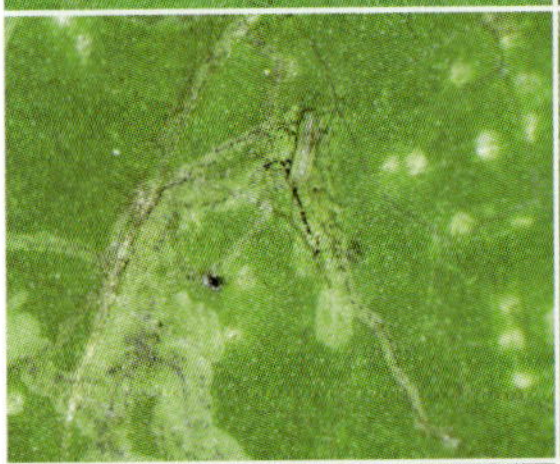		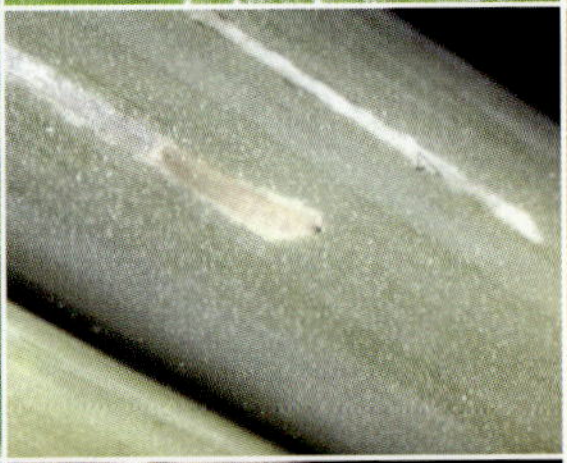	幼虫
	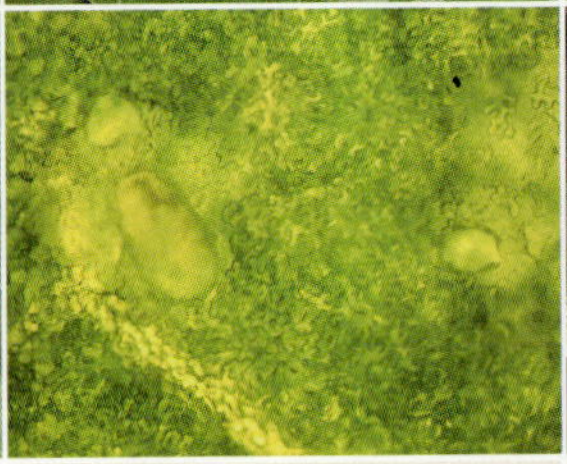	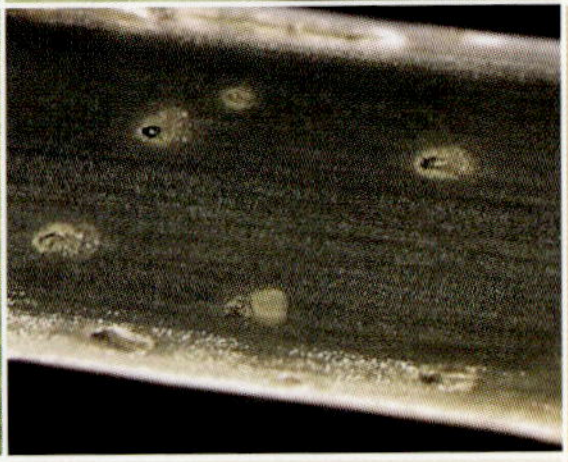	卵
トマト、キュウリ、ネギ、ホウレンソウ、テンサイ	エンドウ、ハクサイ、ダイコン、レタス	ネギ、タマネギ、ニラ、ラッキョウ	主な寄主植物
約8℃	約6℃	約11℃	発育零点*
高い	高い	普通	増殖能力
侵入害虫（2001年）	古くから発生	古くから発生	侵入害虫?

（アシグロハモグリバエ 写真提供：岩崎暁生）

6種ハモグリバエ

	トマトハモグリバエ	マメハモグリバエ	ナスハモグリバエ
成虫			
蛹	 土中	 土中	 葉裏
幼虫			
卵		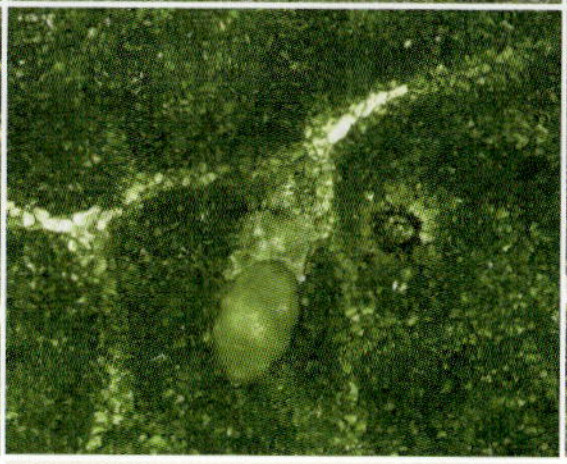	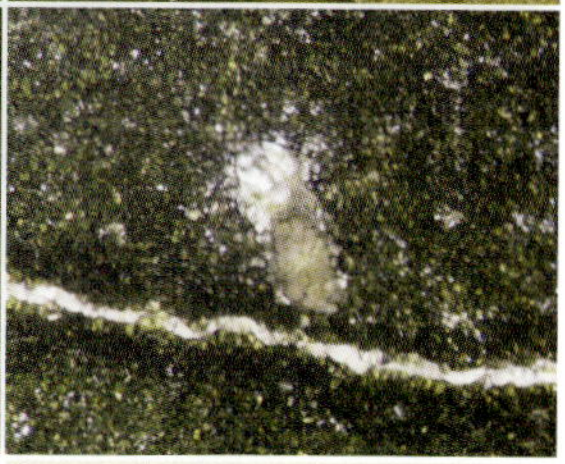
主な寄主植物	キュウリ、トマト、ナス、インゲンマメ、シュンギク、コマツナなど	トマト、ナス、インゲンマメ、チンゲンサイ、キク、シュンギク、ガーベラ	トマト、メロン、シュンギク、コマツナ
発育零点*	約11℃	約10℃	約8℃
増殖能力	高い	高い	低い
侵入害虫?	侵入害虫（1999年）	侵入害虫（1990年）	古くから発生

*発育零点：昆虫など変温動物は、ある温度以下になると発育が進まなくなる。この発育が進まなくなる温度のこと

被害と産卵痕

さまざまな被害の様子

トマトハモグリバエによるトマトの被害葉
（幼虫は葉から脱出済）

トマトハモグリバエによるキュウリの被害葉

マメハモグリバエによるナスの被害葉
（写真提供：田中寛）

ナモグリバエによるレタスの被害葉
（写真提供：北林聡）

ネギハモグリバエによるネギの被害葉

ネギハモグリバエによるタマネギの鱗片の被害（写真提供：岩崎暁生）

ハモグリバエによる

産卵痕は初発のサイン

ハモグリバエの雌成虫は、産卵管で葉の表面に直径1mm前後の小さな穴をあけ、葉の中に産卵する。小さな穴は白い小斑点になり、成熟した葉（トマトでは下葉）に多く見られ、ハモグリバエの初発のサインとなる。

トマトハモグリバエの産卵痕

ネギハモグリバエの産卵痕

放っておくと、あっという間に多発状態に

ネギハモグリバエが多発したネギ畑

残渣も発生源（寄生している幼虫は数日で蛹・成虫に）、ビニルフィルムをかけて幼虫を死滅させる
（詳しくは45ページ）

黄色い幼虫は退治、黒い幼虫は保護

幼虫の色で見分ける敵・味方

敵　黄色い幼虫

ハモグリバエの幼虫（体長約3mm）

・本当にきれいな黄色（信号機の黄色）
・葉ごと取り除くか、指などで圧殺

味方　黒〜褐色の幼虫

ハモグリバエの幼虫に寄生した寄生蜂の幼虫

・天敵なので殺してはダメ
・取り除かずにそのままにしておく

（詳しくは50ページ）

代表的な土着寄生蜂と活用法

ハモグリミドリヒメコバチ
（体長約1〜2mm）

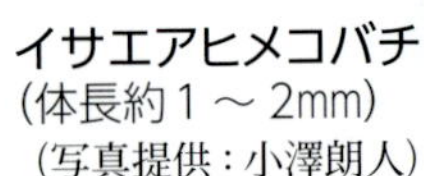

イサエアヒメコバチ
（体長約1〜2mm）
（写真提供：小澤朗人）

黒〜褐色の幼虫（寄生蜂）が
ついたエンドウの葉

・ハウスに持ち込むと寄生蜂を増やせる
・市販の天敵資材に劣らない効果

（詳しくは57ページ）

まえがき

「一週間前に畑を見たときは、葉はきれいだったのに……」「農薬を散布したのに全然エカキムシが減らない……」といった嘆き声が、今日も日本全国、いや世界各国の生産現場で上がっているのではないでしょうか？

通称「エカキムシ」、「エカキ」あるいは「シロ」（全国津々浦々、他にも呼び名はあるかもしれません……）とも呼ばれるハモグリバエは、幼虫が葉の中を潜りながら加害します。葉に潜るからハモグリバエ（葉潜り蠅）とは、そのままというか、大変わかりやすい名前です。

しかし、名前はわかりやすいのですが、それを退治（防除）するにあたっては、意外と勘違いされて、うまくいかないことが多いのです。冒頭の嘆き声も、じつはハモグリバエに対するちょっとした勘違いが招いた結果なのです。

本ハンドブックでは、プロの生産者・指導者の方から、趣味に家庭菜園を楽しまれている方までを対象に、厄介者「ハモグリバエ」の意外と知られていない生態の話から、楽に面白く退治する方法まで、わかりやすくお話ししたいと思います。

口絵の「6種ハモグリバエ簡易識別フローチャート」は、ハモグリバエの種類を現場で手軽に識別できるように、筆者がこれまでの経験に基づいて作成した本書限定のオリジナル品です。これを参考に、目の前の畑で発生しているハモグリバエの種類を特定して、上手に退治していただければと思います。

本書を手にした読者の方々から、「うまく防除できたわ」「畑に行く楽しみがまた一つ増えたよ」と言っていただけ、少しでもお役に立てれば幸いです。

2018年4月11日

徳丸　晋

目次

Ⅱ ここがポイント! 発見・判別と防除法

Ⅲ これなら防げる! ハモグリ防除・虎の巻

IV 品目別 防除マニュアル

■イラスト　トミタ・イチロー

序章　ハモグリバエ防除はここでつまずく！

その農薬、まいても無駄かも？

ハモグリバエを退治する方法というと、何を思い浮かべられるでしょうか？「何か薬（農薬）をまいたらええんやろ？」とおっしゃる方が圧倒的に多いと思います。しかし、答えは「NO」です。

確かに手っ取り早く退治する方法は、農薬を散布することかもしれません。しかし、ただ何でもかんでも機械的に農薬を散布するだけでは、うまく防除できないどころか、逆にハモグリバエの発生をさらに多くしてしまうこともあります。

その理由については後ほど詳しくお話ししますが、簡単に説明すると、ハモグリバエに対して効果のある農薬は限られているのです。

「エカキムシ」にもいろいろ

ハモグリバエが発生する農作物はさまざまです。トマト（写真p-1）、キュウリ（写真p-2）、ナス、インゲンマメ、エンドウ、ネギ、ハクサイ、シュンギク……と、挙げ始めたらきりがありません。

それでは、これらの農作物を加害するハモグリバエはすべて同じものなのでしょうか？　じつは、ここにハモグリバエの防除に失敗する大きな落とし穴があります。それぞれの農作物に発生するハモグリバエは、農作物によって種類が異なるのです。

現在、わが国の野菜や花き類に主に発生するハモグリバエは、トマトハモグリバエ、マメハモグリバエ、ナスハモグリバエ、ネギハモグリバエ、ナモグリバエ、アシグロハモグリバエの6種が確認されています（写真p-3～p-

写真p-1　トマトハモグリバエによるトマトの被害葉

写真p-2　トマトハモグリバエによるキュウリの被害葉

写真p−3　トマトハモグリバエ成虫
（体長約2㎜）

写真p−4　マメハモグリバエ成虫
（体長約2㎜）

写真p−5　ナスハモグリバエ成虫
（体長約2㎜）

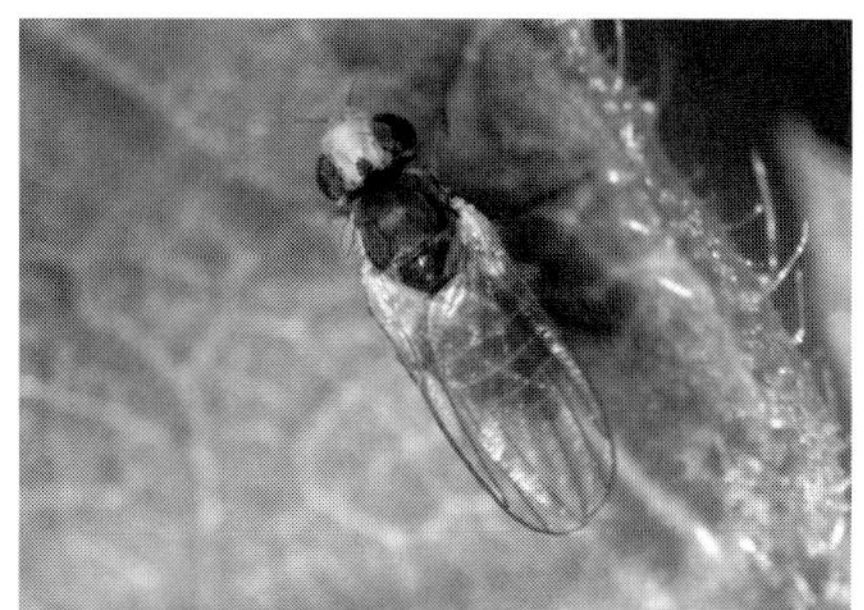

写真p−6　ネギハモグリバエ成虫
（体長約3㎜）

写真p−7　ナモグリバエ成虫
（体長約3㎜）

写真p−8　アシグロハモグリバエ成虫
（体長約2㎜）　（写真提供：岩崎暁生）

8)。これら6種ハモグリバエは、いずれも成虫、蛹、幼虫および卵の形や大きさが非常に似ており、肉眼で見分けることが難しい小さなハエです。

また、それぞれのハモグリバエについては、後で詳しくご紹介しますが、各農作物で発生するハモグリバエは、種が異なるだけでなく、種によって殺虫効果のある農薬も異なります。さらに厄介なことに、農薬の殺虫効果はハモグリバエの発育ステージ(卵、幼虫、成虫)によっても異なります。したがって、人間の目には同じように見えても、農作物あるいは発生しているハモグリバエの種類によって、使用すべき農薬も変わってくるというわけです。

大切な味方を殺す、勘違い防除

ハモグリバエに対して農薬を散布した後に、発生が減るどころか、さらに多くなった経験はないでしょうか?

これはハモグリバエの天敵である寄生蜂を皮肉にも農薬で殺してしまったことが原因で起こった現象なのです。

専門家の間では、リサージェンス(日本語に訳すと「復活」、農薬散布後の「思いもよらない大発生」)と呼ばれていますが、ハモグリバエに対する殺虫効果がなく、寄生蜂に対して殺虫効果が高い農薬を使ったときに起きる現象です。一所懸命防除したのに、ハモグリバエだけが残り、しかも多くなってしまっては何にもなりません。

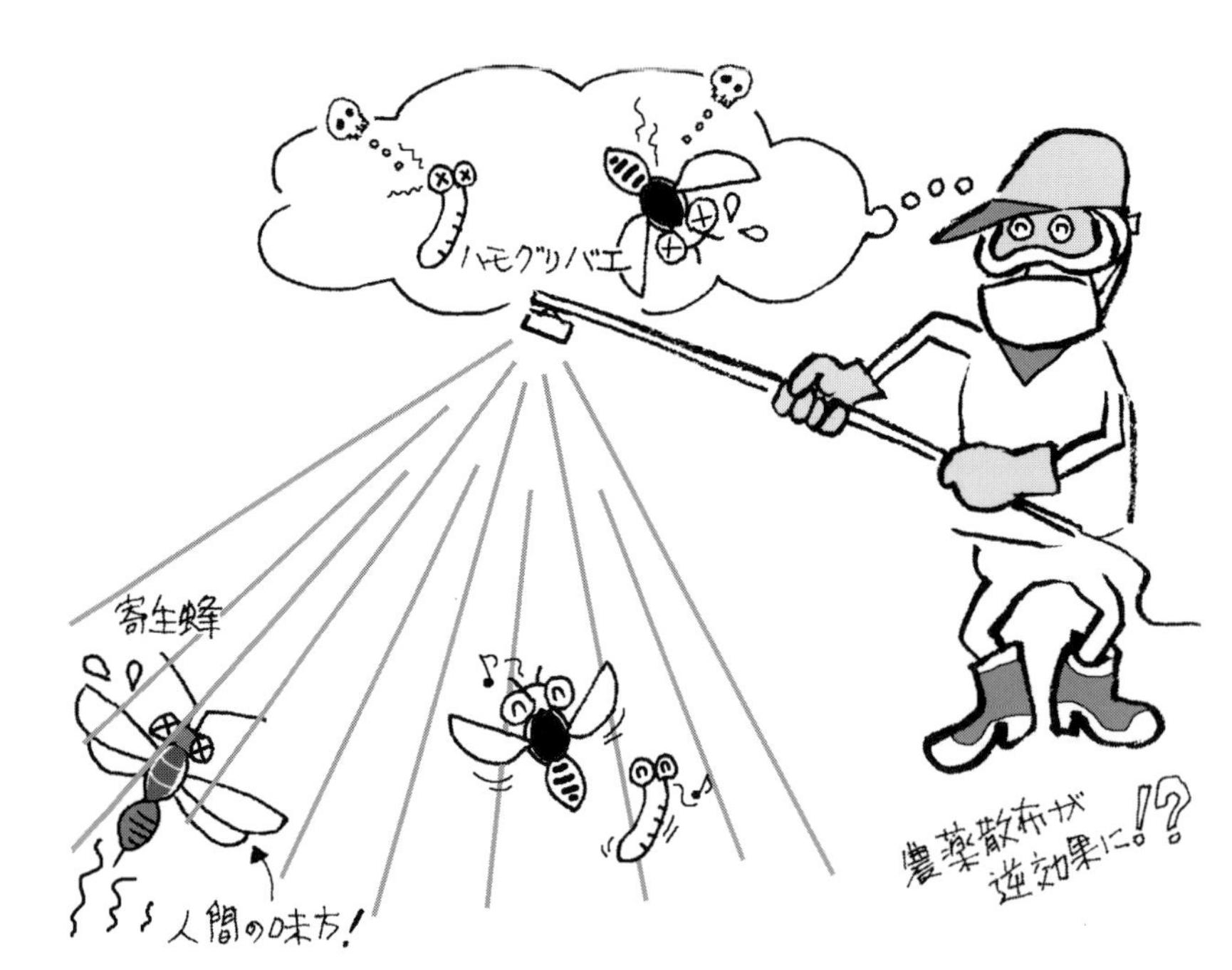

発見が数日遅れて被害が拡大

「まえがき」でご紹介した、ある生産現場での嘆き声（一週間前に畑を見たときは、葉はきれいだったのに……）のような事態は、どうして起こってしまったのでしょうか？

たいていの方は、ハモグリバエの発生を、幼虫が葉の中を食べた後に残る白い筋状の絵描き痕（写真p-9）で確認されると思います。それでは、この絵描き痕は何日くらいでできるのでしょうか？　一週間くらい？　違います。5日くらい？　惜しいです。じつは、そのときの気温にもよりますが、25℃以上の温度条件であれば3日でつくられてしまいます。

つまり、ハモグリバエの幼虫は葉の中には3日間くらいしかおらず、その後は葉から脱出・移動して土の中などで蛹（写真p-10）になるのです。したがって、ハモグリバエの発生を見なかったといって気を抜いて放っておくと、翌週には大発生することが起きてしまうわけです。

写真p－9　トマトハモグリバエの絵描き痕（幼虫は葉から脱出済）

写真p－10　トマトハモグリバエの蛹（長さ約3㎜）

無駄をなくし、かしこく防ごう

ここまで簡単に、ハモグリバエの防除でつまずく原因についてご紹介しました。①ハモグリバエにはいろいろな種類があり、加害する農作物は異なる。②ハモグリバエの種類により殺虫効果のある農薬は異なる。③ハモグリバエを防除するつもりが、その天敵である寄生蜂を殺し、ハモグリバエのみが残ってしまい多発する。④ハモグリバエが葉の中にいる期間は短い。

この4点の理解不足が原因で防除に失敗するケースが多く、結果的に無駄な防除をしているところをよく見かけます。

それでは次章からは、無駄な防除をせずに、かしこくハモグリバエを防除するノウハウについて、さらに詳しくお話ししたいと思います。

Ⅰ　正体を知れば恐れるに足らず

1. 忍者害虫ハモグリバエ6種

序章では、農作物により、発生するハモグリバエの種類が異なることを紹介しました。ここでは、現在、わが国の野菜や花き類を加害している6種のハモグリバエについて紹介したいと思います。

ハモグリバエは、成虫の体長が2～3㎜の小さなハエです。雌成虫は、産卵管で葉の表皮に小さな穴をあけて産卵（長径×短径：0・2㎜×0・1㎜）します。孵化した幼虫は黄色もしくは白色のウジ虫で、葉の中を（潜りながら）食べ進み、白い筋状の食害痕を残します。加害が激しい場合、葉は白化します。終齢幼虫（体長約3㎜）は、葉から脱出して土中もしくは葉裏で蛹（長さ約2㎜）になります（ナモグリバエのみ葉の中で蛹になります）。

(1) 国際指名手配の密入国者たち

6種のうち、トマトハモグリバエ、マメハモグリバエおよびアシグロハモグリバエの3種は、1990年代以降に次から次へとわが国へ侵入したハモグリバエです。

▼トマトハモグリバエ

Liriomyza sativae Blanchard

原産地のアメリカ大陸からハワイ、グアム、タヒチ、アフリカ大陸、インド、タイおよび中国へ侵入しました。日本では、1999年に沖縄県、山口県および京都府において初めて発見されました。その後、東北以南の都府県で発生が確認されています（図I-1）。

本種は、今までハモグリバエによる被害がそれほど問題にならなかったキュウリなどのウリ科作物で多発します（表I-1）。また、京都府ではトマトハモグリバエが侵入してから、同時に発生することがあるマメハモグリバエとナスハモグリバエの発生が減少しています（図I-2）。

▼マメハモグリバエ

L. trifolii (Burgess)

3種のうち、まず日本へ侵入したのは本種です。アメリカ大陸を原産地とし、カナダ、アフリカ、ヨーロッパ、台湾、インドおよび韓国へ侵入しました。日本では、1990年に静岡県および愛知県で初めて発見されました。その後は1～5年の間に、九州・沖縄地域から東北地域まで、一気に生息域を拡大させました。

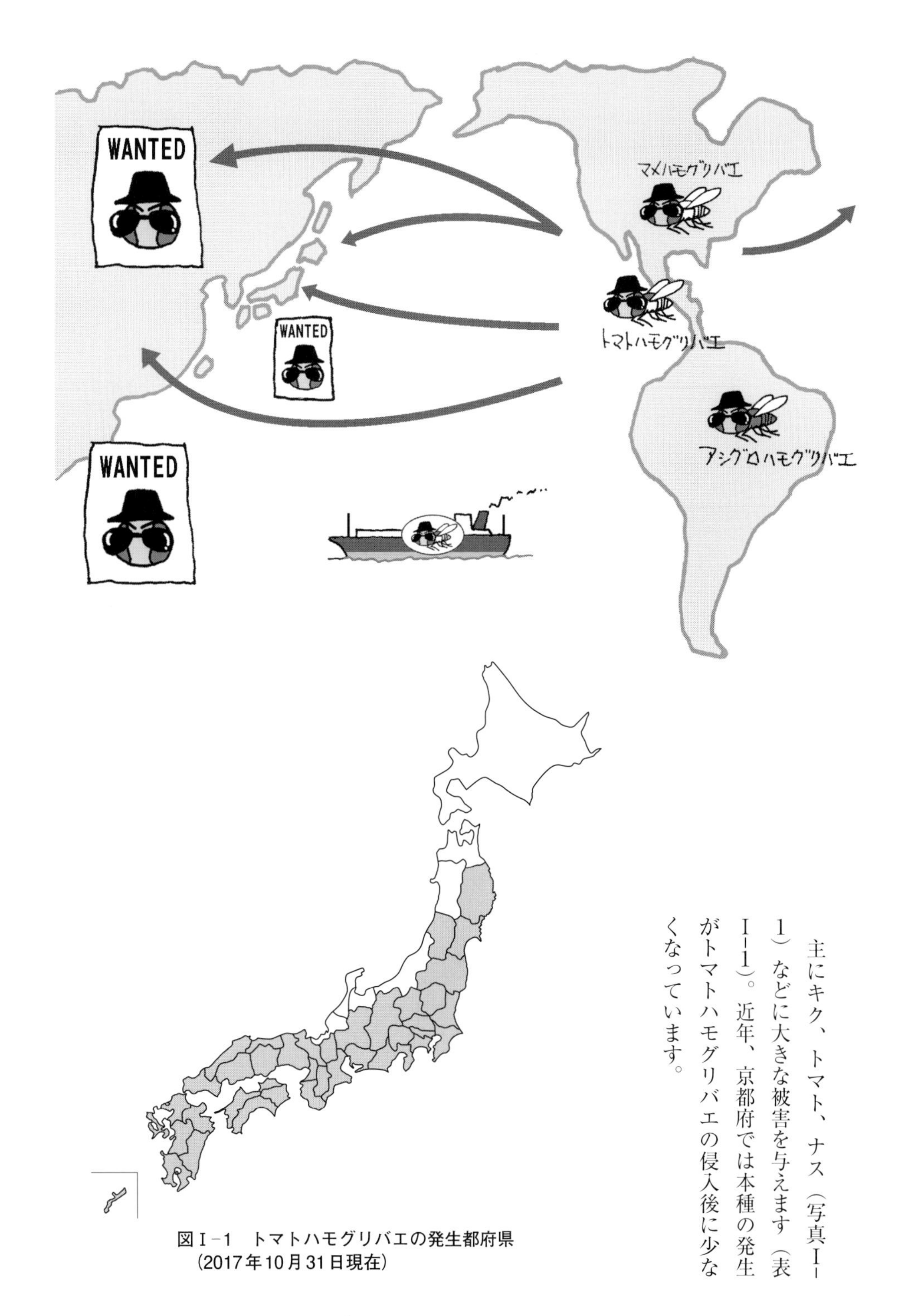

図Ⅰ-1　トマトハモグリバエの発生都府県
（2017年10月31日現在）

主にキク、トマト、ナス（写真Ⅰ-1）などに大きな被害を与えます（表Ⅰ-1）。近年、京都府では本種の発生がトマトハモグリバエの侵入後に少なくなっています。

表Ⅰ-1　6種ハモグリバエの発生が確認されている作物

種　名	作物名
トマトハモグリバエ	ジャガイモ、ダイズ、インゲンマメ、アズキ、ササゲ、エンドウ、ソラマメ、トウガラシ、ピーマン、ナス、トマト、キュウリ、メロン、シロウリ、マクワウリ、ヘチマ、ズッキーニ、スイカ、カボチャ、ダイコン、ハクサイ、キャベツ、カブ、ブロッコリー、カリフラワー、コマツナ、ミズナ、ミブナ、ゴボウ、シュンギク、オクラ、キク、ペチュニア、ダリア、ヒャクニチソウ、アスター、キンセンカ、マリーゴールド、ガーベラ
マメハモグリバエ	ジャガイモ、ダイズ、インゲンマメ、アズキ、ササゲ、エンドウ、ソラマメ、ナス、トマト、キュウリ、メロン、シロウリ、マクワウリ、スイカ、カボチャ、ダイコン、ハクサイ、キャベツ、カブ、カリフラワー、コマツナ、タマネギ、ネギ、ニンニク、シュンギク、ニンジン、セロリ、オクラ、キク、ガーベラ、アスター、マリーゴールド、ヒマワリ、ホオズキ、シュッコンカスミソウ、チンゲンサイ、ホウレンソウ
ナスハモグリバエ	ジャガイモ、インゲンマメ、エンドウ、ソラマメ、ナス、トマト、キュウリ、メロン、シロウリ、マクワウリ、スイカ、カボチャ、ダイコン、ハクサイ、キャベツ、カブ、カリフラワー、コマツナ、タマネギ、ネギ、ニンニク、シュンギク、セロリ、ダリア、トルコギキョウ、シュッコンカスミソウ
アシグロハモグリバエ	ジャガイモ、ダイズ、インゲンマメ、アズキ、ササゲ、エンドウ、ソラマメ、トウガラシ、ピーマン、トマト、キュウリ、シロウリ、マクワウリ、スイカ、カボチャ、ダイコン、ハクサイ、キャベツ、カブ、カリフラワー、タマネギ、ネギ、ニンニク、レタス、セロリ、フダンソウ、ホウレンソウ、テンサイ、キク、アスター、マリーゴールド、ヒマワリ、トルコギキョウ、カーネーション、セキチク、ナデシコ、シュッコンカスミソウ
ネギハモグリバエ	タマネギ、ネギ、ニラ、ニンニク、ラッキョウ、ワケギ
ナモグリバエ	ダイズ、インゲンマメ、アズキ、ササゲ、エンドウ、ソラマメ、ナス、キュウリ、メロン、ダイコン、ハクサイ、キャベツ、カブ、カリフラワー、コマツナ、ネギ、シュンギク、レタス、マメ科牧草、キク、ダリア、アスター、キンセンカ、マリーゴールド、スイートピー、ストック、ハイビスカス、ムクゲ、フヨウ

注　農林有害動物・昆虫名鑑増補改訂版（2006）などを参考に作成

▼アシグロハモグリバエ
L. huidobrensis (Blanchard)

南米大陸を原産地とし、イスラエル、スリランカ、インドネシア、中国および韓国へ分布域を拡大しています。

日本では、2001年に北海道および山口県で初めて発生が確認され、これまでに北日本地域のキュウリ、ホウ

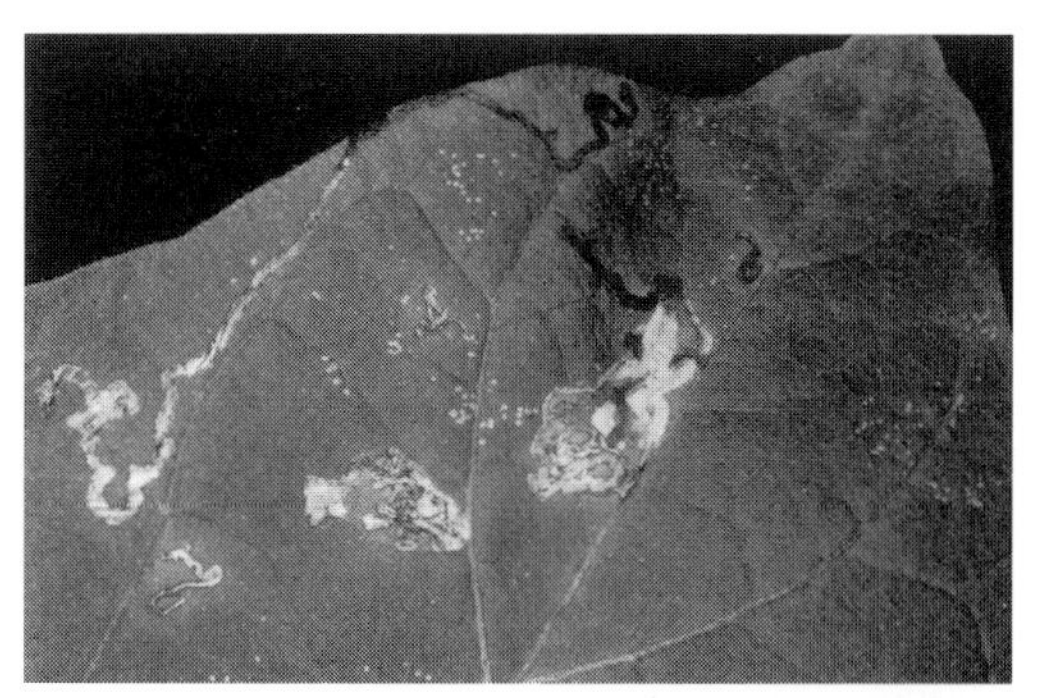

写真Ⅰ-1　マメハモグリバエによるナスの被害葉
（写真提供：田中寛）

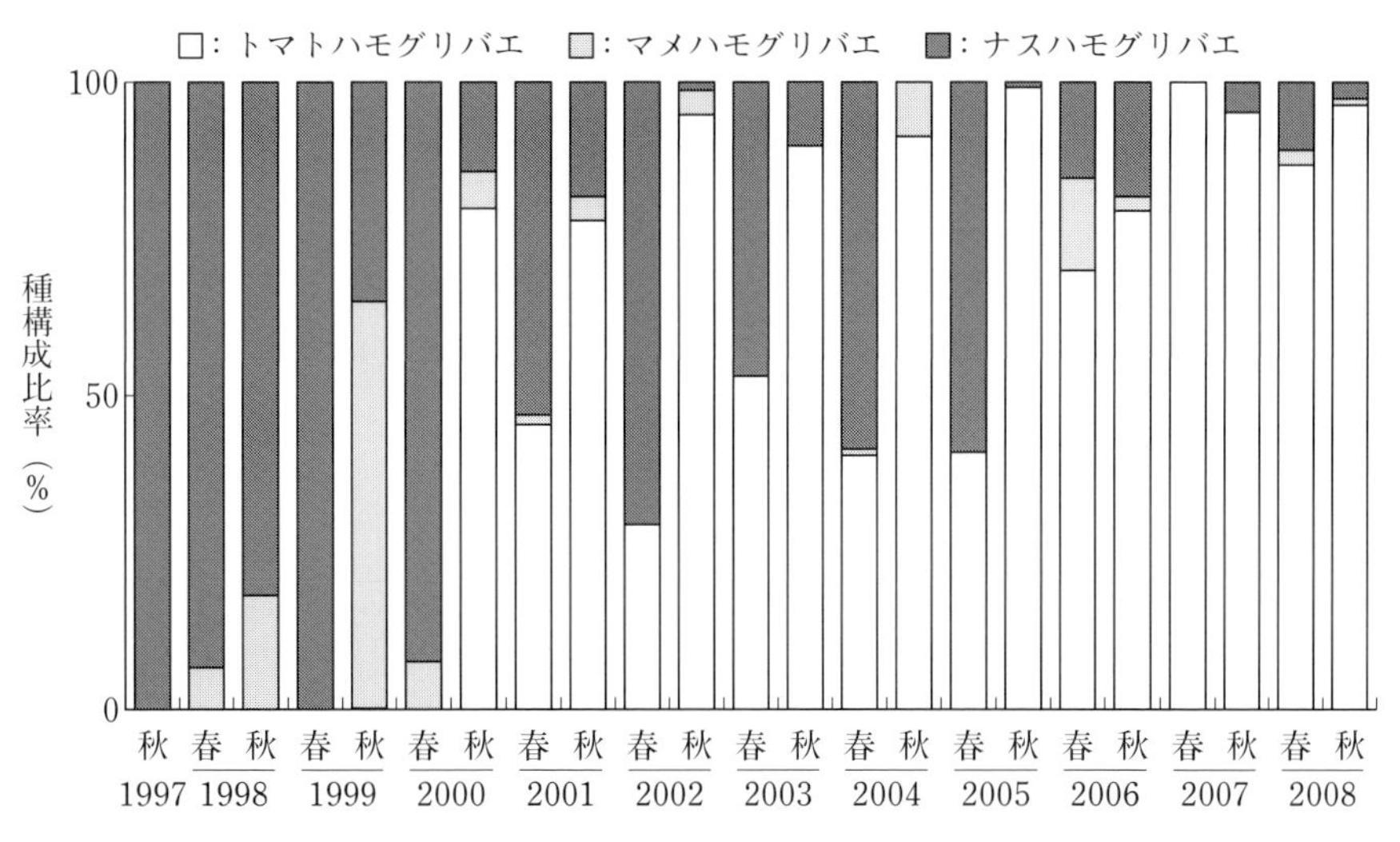

図Ⅰ-2　京都府のトマトにおける3種ハモグリバエの発生種構成比率の推移（1997～2008年）
（徳丸，2010を改変）

レンソウ、テンサイなどで発生しています（表Ⅰ-1）。

本種だけ、発生が全国に拡がらずに一部の地域に留まっています。

(2) 日本在来の葉潜り名人たち

残りの3種、ネギハモグリバエ、ナスハモグリバエおよびナモグリバエは、古くから日本に生息していたと言われており、先ほどご紹介した密入国3種とは異なり、比較的加害する農作物は限定される特徴があります。

▼ネギハモグリバエ

L. chinensis Kato

中国、マレーシア、シンガポール、タイ、ベトナム、バングラデシュ、台湾および韓国でも生息が確認され、ネギ（写真Ⅰ-2）、タマネギ、ニラなどのネギ亜科作物（表Ⅰ-1）を加害し、品質を低下させることで問題になっています。最近は、タマネギの葉だけではなく鱗片も加害することが北海道で報告されています（写真Ⅰ-3）。

▼ナスハモグリバエ

L. bryoniae (Kaltenbach)

古くからナスやトマトでの発生が知られており、メロンやジャガイモなどの農作物でも局地的に多く発生することがあります（表Ⅰ-1）。

ヨーロッパでは、施設トマトでの重要害虫として扱われており、台湾では36種類の植物が寄主植物として記録されています。

▼ナモグリバエ

Chromatomyia horticola (Goureau)

別名をエンドウハモグリバエとも呼

ばれるように、エンドウでの発生が多いことで知られています。そのほか、マメ科、アブラナ科、ウリ科、ナス科など広範囲のグループの農作物を加害し（表Ⅰ-1）、近年は高冷地栽培のレタスで多発して、その被害が問題になっています（写真Ⅰ-4）。

写真Ⅰ-2　ネギハモグリバエによるネギの被害葉

2. 押さえておきたい「手強さ」の秘密

ハモグリバエの絵描き痕の形はわかっていても、意外と生態までは知らない方が多いのではないでしょうか？

ここからは、防除を行なう上で必ず知っておきたいハモグリバエのスゴ技（生態）をご紹介します。

写真Ⅰ-3　ネギハモグリバエによるタマネギの鱗片の被害　（写真提供：岩崎暁生）

写真Ⅰ-4　ナモグリバエによるレタスの被害葉
（写真提供：北林聡）

コラム　ジェット気流で海を渡る

わが国に1990年以降、次から次へと侵入したマメハモグリバエ、トマトハモグリバエ、アシグロハモグリバエの侵入経路は、輸入された花などの苗にハモグリバエが寄生し、その苗が国内を移動したことにより侵入した可能性が高いと言われています。しかし最近は、ナモグリバエが下層ジェット気流に乗って長距離移動している可能性が報告されています。

これまで、下層ジェット気流に乗って長距離移動する害虫は、イネを加害するトビイロウンカやセジロウンカが有名でした。現段階で長距離移動するハモグリバエはナモグリバエのみ（日本国内の南方から北海道へ移動）ですが、今後の調査研究により他のハモグリバエも長距離移動していることがわかるかもしれません。何のためにわざわざ長距離移動するのか？　考えただけでもワクワクして、ロマンを感じさせられますね。

(1) 葉に小さな穴をあけて摂食・産卵

ハモグリバエを適切に防除する上で最も重要なことは、早期に発見することです。それでは、早期に農作物でハモグリバエの発生を確認するコツは何でしょうか？

ハモグリバエの雌成虫は、産卵管で葉の表面に直径1㎜前後の小さな穴をあけて、そこからにじみ出る葉液をなめたり、葉の中に産卵したりします。小さな穴は白い斑点になって葉に残ります（写真Ⅰ-5、写真Ⅰ-6）。この白い小斑点は、成熟した葉に多く見られ、トマトでは下葉で多く見られます。この小斑点がハモグリバエの初発のサインとなります。

写真Ⅰ-6　ネギハモグリバエの産卵痕

写真Ⅰ-5　トマトハモグリバエの産卵痕

(2) 夏なら3日、葉潜り期間は短い

葉に産み付けられた卵（長径×短径：0・2㎜×0・1㎜、写真Ⅰ-7）は、25℃の温度条件下では約3日で孵化します。孵化した幼虫は葉の中を食べながら前方に進むので、絵描き痕がつくられ、白い筋のように見えます。白い筋の先端には、淡黄色～黄色の幼虫（ウジ虫、体長約3㎜）が見えるときがあります（写真Ⅰ-8）。

ところが、幼虫が葉の中にいる期間（葉に潜っている期間）は、25℃温度条件下では3日間程度と短く、その

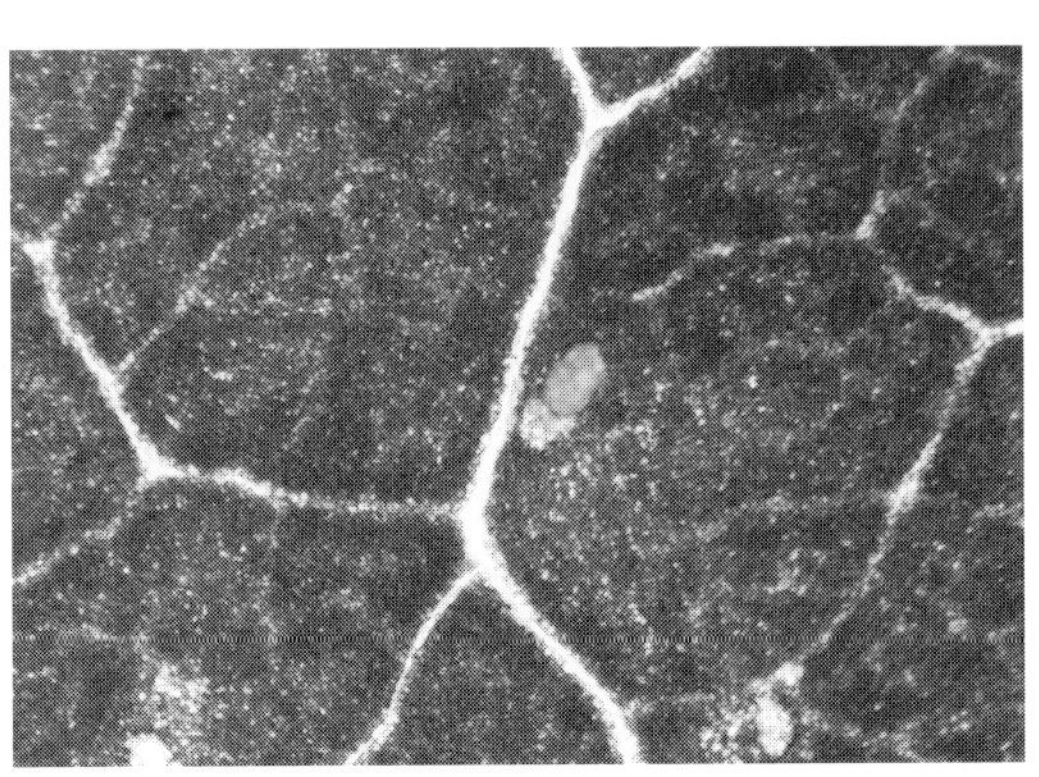

写真Ⅰ-7　トマトハモグリバエの卵
（長径×短径：0.2mm × 0.1mm）

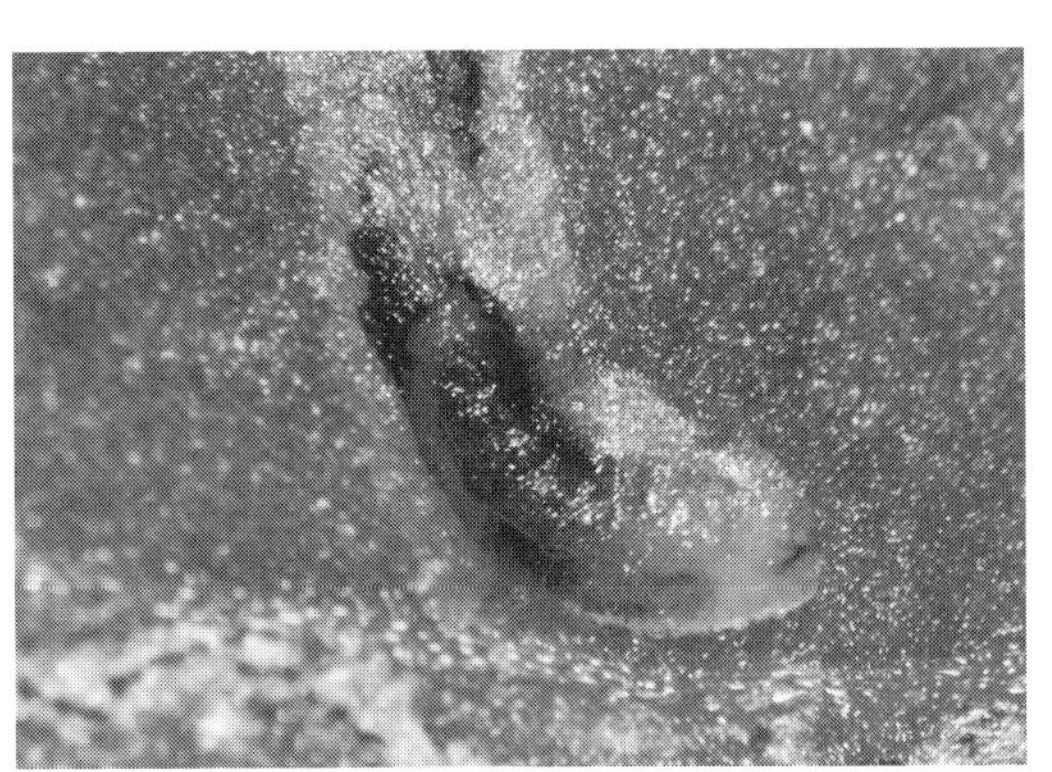

写真Ⅰ-8　トマトハモグリバエの幼虫
（黄色のウジ虫、体長約3mm）

後、幼虫は葉から脱出して、種によって異なりますが、土中か葉の裏などで蛹（体長約2㎜、写真Ⅰ-9）になります。したがって、はっきりとした長い絵描き痕を発見したときには、すでに絵描き痕を描いた犯人（ハモグリバエ幼虫）は逃亡している（土中などで蛹になっている）ことが多くなります。

写真Ⅰ-9　トマトハモグリバエの蛹（長さ約2mm）

その後、蛹は、これも種によって異なりますが、マメハモグリバエやトマトハモグリバエでは、25℃温度条件下で約11日後に成虫になります。

(3) 暖かいと急速に成長・繁殖

それでは、ハモグリバエが卵から成虫に成長するまでの期間は、温度条件でどれくらい変わるのでしょうか？

表Ⅰ-2は、6種ハモグリバエの卵から成虫までの発育期間を示しています。発育期間も種により差がありますが、6種で共通することは、温度が高くなるにつれて発育のスピードも速くなるということです。したがって、温度が上がるにつれてハモグリバエの成長は早くなり、次の世代も早く出てくることになります。

表Ⅰ-3は、5種ハモグリバエの増殖能力（1匹の雌成虫が生涯で産む卵

表Ⅰ-2　各温度条件（長日）における6種ハモグリバエの発育期間

種　名	寄主植物	産卵から羽化までの発育期間（日）				
		15℃	18℃	20℃	25℃	30℃
トマトハモグリバエ[1)]	インゲンマメ	59.3	30.5	29.9	16.5	13.0
マメハモグリバエ[2)]	インゲンマメ	53.1	28.2	25.6	16.5	12.5
ナスハモグリバエ[3)]	インゲンマメ	51.6	29.9	25.5	19.3	–
アシグロハモグリバエ[2)]	ソラマメ	44.3	–	21.7	14.9	13.5
ネギハモグリバエ[3)]	ネギ	68.3	46.0	35.7	23.3	19.4
ナモグリバエ[4)]	サヤエンドウ	30.4	–	18.8	14.3	–

注　1）徳丸・阿部（2003），2）Norma *et al.*（2017），3）徳丸（2016），4）水越・戸川（1999），
–：データなし

表Ⅰ-3　5種ハモグリバエ雌成虫の増殖能力と寿命（25℃長日条件）

種　名	寄主植物	総産卵数	雌成虫の寿命（日）	内的自然増加率[4]
トマトハモグリバエ[1]	インゲンマメ	639.6	28.1	0.21
マメハモグリバエ[1]	インゲンマメ	203.6	18.6	0.17
ナスハモグリバエ[1]	インゲンマメ	91.4	9.0	0.12
ネギハモグリバエ[2]	ネギ	115.5	12.9	0.11
ナモグリバエ[3]	コマツナ	547.6	19.7	－

注　1）徳丸・阿部（2001），2）徳丸（2016），3）Mitsunaga *et al.*（2006），
－：データなし，4）内的自然増加率：その生物が潜在的に持っている最大の繁殖増加率

表Ⅰ-4　3種ハモグリバエの総産卵数に及ぼす温度の影響

種　名	寄主植物	総産卵数			
		15℃	20℃	25℃	30℃
トマトハモグリバエ[1]	インゲンマメ	23.1	158.0	257.5	281.9
マメハモグリバエ[2]	トマト	3.3	17.6	54.7	15.1
ネギハモグリバエ[3]	ネギ	－	74.1	115.5	55.0

注　1）Zhang *et al.*（2000），2）小澤ら（1999），3）徳丸（2016），－：データなし

表Ⅰ-5　18℃短日および長日条件における4種ハモグリバエの発育期間

種　名	寄主植物	産卵から羽化までの発育日数（日）	
		短　日	長　日
トマトハモグリバエ[1]	インゲンマメ	39.8	30.5
マメハモグリバエ[1]	インゲンマメ	36.2	28.2
ナスハモグリバエ[1]	インゲンマメ	49.8	29.9
ネギハモグリバエ[2]	ネギ	155.7	46.0

注　1）徳丸・阿部（2001），2）徳丸（2016）

数）を示しています。増殖能力も種によって異なり、特に侵入害虫であるトマトハモグリバエとマメハモグリバエの増殖能力は高いと言われています。なお、産卵数も、一定の温度（25℃）までは温度が高くなるにつれて多くなり、高温になると減少する傾向があります（表Ⅰ-4）。

（4）施設内では冬も発生

6種ハモグリバエのうち、ナスハモグリバエ、ネギハモグリバエは、短日条件下（冬期）では発育期間が極端に長くなります（表Ⅰ-5）。

一方、トマトハモグリバエとマメハモグリバエは、

短日条件下において発育期間はそれほど長くはならず（休眠しない、表I－5）、暖房設備の整った施設では越冬できることがわかっています。京都府の施設トマトでは、冬期でもトマトハモグリバエの発生を確認しています。

コラム

種間交雑で雌ばかりの雑種!?

私は、学生時代を含めて、これまでイネ、野菜、チャ、果樹などに発生する害虫の生態と防除に関する研究に取り組んできました。その研究生活の中で、最も鳥肌（関西弁ではサブイボ）が立った話を一つご紹介します。

6種ハモグリバエのうち、トマトハモグリバエとマメハモグリバエは、肉眼ではほとんど違いがわからないくらい似ています。そこで、遊び心から羽化直後のマメハモグリバエの雌成虫とトマトハモグリバエの雄成虫を、同時に飼育ケージの中に入れてみることにしました。すると飼育ケージに入れて数分も経たないうちに、異種間で交尾行動を行ないました。その後、その個体を引き続き飼育した結果、トマトハモグリバエの雄成虫と交尾を行なったマメハモグリバエの雌成虫は産卵し、その卵は孵化、幼虫、蛹を経て、

写真I－10　トマトハモグリバエ雄成虫とマメハモグリバエ雌成虫の間に産まれた雑種個体

成虫が羽化しました。何と雑種（写真I-10）が誕生したのです。

　さらに注目すべき点は、誕生した雑種はすべて雌成虫だったのです。その雑種の雌成虫を再びトマトハモグリバエもしくはマメハモグリバエの雄成虫と同時に入れる（戻し交雑）と、今度はまったく産卵しない結果となりました。

　トマトハモグリバエが日本に侵入した1999年頃から、それまで猛威を振るっていたマメハモグリバエの発生が急減した原因の一つに、この種間交雑が影響していると考えられましたが、現在もこの種間交雑との関係は謎のままです。ちなみに、逆の組み合わせ（トマトハモグリバエの雌成虫とマメハモグリバエの雄成虫との組み合わせ）では、雑種は得られませんでした。

　実際の自然界で種間交雑が起きているのかについては不明ですが、この現象が示す意味について、もう一度調べてみたいと思っています。

3. 弱点がわかれば恐くない

どんな強い相手でも必ずウィークポイント（弱点）があります。ここではハモグリバエのいくつかのウィークポイントについてご紹介したいと思います。ウィークポイントをしっかり理解すれば、上手に防除できるようになります。

(1) 葉潜り名人は黄色がお好き

　みなさんは、何色がお好きでしょうか？　青・赤・緑といったように人間の世界では人によって好みが分かれます。しかし、虫の世界では一定の色を好む傾向があり、ハモグリバエは黄色を好むことがわかっています。

　図I-3は、さまざまな色に対するナスハモグリバエ成虫の誘引反応を調べた結果を示しています。この黄色に対して誘引される習性を利用した防除技術（写真I-11）や、ハモグリバエの発生をすばやく確認する技術（写真I-12）が実用化されています。

(2) まだ効く農薬はある

　序章において、ハモグリバエに対して殺虫効果のある農薬は、種ごとに異なり限られている、とお話ししました。表I-6は、これまでに調べられた6種ハモグリバエに対する各種農薬の殺虫効果を示しています。表I-6のとおり、ハモグリバエに対する各種殺虫剤の効果は、ハモグリバエの種、発育ステージ（成虫、幼虫、卵）により異なります。また、同じ種でも、地域によって殺虫効果の高い農薬は異なることがあります。さらに、6種のうち、トマトハモグリバエ、マメハモグリバエ、アシグロハモグリバエおよびナモグリバエは、世界各地で殺虫剤抵抗性の発達が確認されています。

　したがって、ハモグリバエに対して農薬を用いて防除する際には、①発生しているハモグリバエの種は何なのか？　②その種に有効な殺虫剤は何なのか？　③抵抗性を発達させる可能性はあるのか？　について、注意する必要があります。ハモグリバエの種の簡

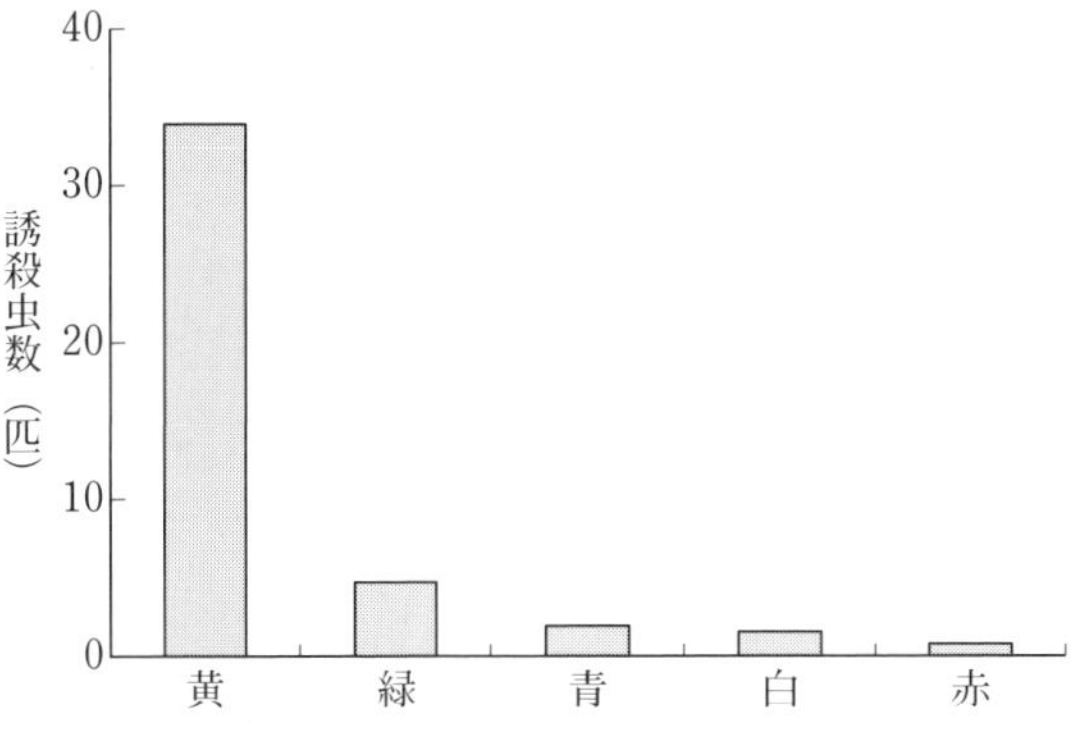

図I－3　ハモグリバエ成虫の色彩選好性
（西東，1983を改変）

写真I－11　黄色粘着フィルムを利用してハモグリバエ成虫を大量誘殺

写真I－12　黄色粘着板（短冊式）を設置してハモグリバエの発生を監視

ナスハモグリバエ[2]			アシグロハモグリバエ[3]		ネギハモグリバエ[4]			ナモグリバエ[5]	
卵	幼虫	成虫	幼虫	成虫	卵	幼虫	成虫	幼虫	成虫
○	◎	◎	−	−	×	×	×	△	×
○	◎	◎	−	−	◎	×	△	◎	◎
◎	◎	◎	−	−	×	×	×	◎	◎
−	◎	−	−	−	−	−	−	−	−
◎	◎	◎	◎	◎	◎	○	○	◎	△
○	◎	◎	−	−	◎	◎	△	◎	◎
△	◎	◎	−	−	◎[1]	×[1]	○[1]	◎	×
×	◎	○	−	−	○	×	◎	◎	◎
−	○	−	−	−	−	−	−	−	−
×	◎	△	◎	×	◎	○	×	◎	×
×	△	×	○	×	◎	×	×	×	×
−	△	−	−	−	−	−	−	−	−
×	×	×	−	−	×	×	×	×	×
◎	◎	○	×[1]	○[1]	○	○	×	×	×
◎	◎	×	−	−	△	×	×	△	×
−	△	−	−	−	−	−	−	−	−
◎	◎	△	−	−	○	○	×	×	×
◎	◎	×	−	−	△	×	×	×	×
−	◎	−	−	−	−	−	−	−	−
◎	◎	◎	◎	◎	○	×	○	◎	◎
○	○	×	−	−	×	×	×	◎	×
×	◎	○	−	−	△	×	×	○	◎
○	◎	○	−	−	×	×	○	◎	○
○	◎	◎	−	−	×	×	×	◎	○

5）徳丸・山下（2004）

表Ⅰ-6　6種ハモグリバエに対する各種薬剤の殺虫効果

殺虫剤名	希釈倍数（倍）	トマトハモグリバエ[2]			マメハモグリバエ[2]		
		卵	幼虫	成虫	卵	幼虫	成虫
有機リン剤							
オルトラン（ジェイエース）水和剤	1,000	×	◎	×	×	◎	×
ダーズバン水和剤	1,000	◎	◎	◎	△	◎	△
カルホス乳剤	1,000	×	◎	○	◎	◎	○
スミチオン乳剤	1,000	−	○	−	−	△	−
ネライストキシン剤							
パダンSG水溶剤	1,000	×	◎	◎	◎	◎	◎
リーフガード水和剤	1,000	◎	◎	◎	×	◎	◎
合成ピレスロイド剤							
アグロスリン乳剤	1,000	×	○	△	×	○	×
トレボン乳剤	1,000	×	△	○	×	◎	○
アディオン乳剤	1,000	−	△	−	−	◎	−
脱皮阻害剤（IGR）							
トリガード液剤	1,000	×	◎	×	×	◎	×
カスケード乳剤	2,000	△	○	×	×	○	×
マッチ乳剤	2,000	−	◎	−	−	◎	−
ネオニコチノイド剤							
モスピラン水溶剤	2,000	×	×	×	×	△	×
ダントツ水溶剤	1,000	△	△	×	◎	◎	△
スタークル（アルバリン）水溶剤	2,000	△	×	×	○	○	×
アドマイヤー水和剤	2,000	−	×	−	−	×	−
ベストガード水溶剤	1,000	△	○	×	◎	○	×
アクタラ水溶剤	2,000	△	△	×	○	△	×
その他							
コテツフロアブル	2,000	−	◎	−	−	△	−
アファーム乳剤	2,000	○	◎	○	◎	◎	○
コロマイト乳剤	1,500	△	◎	×	△	◎	×
プレオフロアブル	1,000	×	◎	○	×	◎	○
スピノエース顆粒水和剤	5,000	△	◎	◎	○	◎	○
ハチハチ乳剤	1,000	×	△	×	×	○	×

注　◎：死虫率が90％以上，○：70～89％，△：50～69％，×：49％以下，－：データなし
1）希釈倍数は2,000倍，2）徳丸ら（2005），3）荒川ら（2011），4）徳丸・岡留（2004），

科名・種名	トマトハモグリバエ	マメハモグリバエ	ナスハモグリバエ	アシグロハモグリバエ	ネギハモグリバエ	ナモグリバエ
ヒメコバチ科 Eulophidae						
Apleurotropis kumatai	−	+	−	−	−	−
Asecodes erxias	+	+	+	+	−	+
Asecodes delucchii	−	+	−	−	−	−
Baryscapus sp.	−	−	−	−	−	+
Chrysocharis pentheus ハモグリヤドリヒメコバチ	+	+	+	+	+	+
Chrysocharis pubicornis	+	+	+	+	−	+
Chrysocharis ujiyei	−	−	−	−	−	+
Chrysocharis viridis	+	−	−	+	−	+
Cirrospilus vittatus オジマコバチ	−	−	−	+	−	+
Closterocerus lyonetiae	−	+	−	+	−	+
Closterocerus trifasciatus	+	+	−	−	+	+
Closterocerus sp.	−	+	−	−	−	−
Diaulinopsis sp.	−	−	−	+	−	−
Diglyphus albiscapus	+	+	+	+	−	+
Diglyphus crassinervis ネギハモグリヒメコバチ	−	−	−	−	+	+
Diglyphus isaea イサエアヒメコバチ	+	+	+	+	+	+
Diglyphus minoeus	+	+	−	+	−	+
Diglyphus pusztensis	+	+	+	−	−	+
Hemiptarsenus varicornis カンムリヒメコバチ	+	+	−	−	−	+
Hemiptarsenus zilahisebessi	−	−	−	−	+	−
Neochrysocharis formosa ハモグリミドリヒメコバチ	+	+	+	+	+	+
Neochrysocharis okazakii	+	+	+	+	+	+
Neochrysocharis spp.	+	+	+	+	−	+
Oomyzus sp.	−	+	−	−	−	−
Pediobius metallicus	−	+	+	−	−	+
Pnigalio katonis カトウヒメコバチ	−	+	+	+	+	+
Pnigalio sp.	−	−	−	−	−	+
Quadrastichus liriomyzae	−	+	−	−	−	−
Quadrastichus sp.	+	+	−	−	−	+
Stenomesius japonicus キイロホソコバチ	−	+	−	−	−	+

注　+：寄生する，−：寄生しないまたは未確認
徳丸（2006a），徳丸（2006b），小西（2011），大井田・河名（2017）を基に作成

表Ⅰ-7　日本国内で確認された6種ハモグリバエの土着寄生蜂

科名・種名	トマトハモグリバエ	マメハモグリバエ	ナスハモグリバエ	アシグロハモグリバエ	ネギハモグリバエ	ナモグリバエ
コマユバチ科 Braconidae						
Dacnusa nipponica ニホンハモグリコマユバチ	−	+	−	+	−	+
Dacnusa sasakawai ササカワハモグリコマユバチ	+	+	+	+	−	+
Opius spp.	+	+	+	+	−	+
ツヤヤドリタマバチ科 Eucoilidae						
Kleidotoma sp.	−	+	−	−	−	−
Gronotoma micromorpha コガタツヤヤドリタマバチ	−	+	−	−	−	−
コガネコバチ科 Pteromalidae						
Eupteromalus sp.	−	−	−	−	−	+
Halticoptera circulus ハモグリコガネコバチ	+	+	+	+	+	+
Merismus sp.	−	−	−	−	−	+
Pachyneuron sp.	+	−	−	−	−	+
Sphaeripalpus sp.	−	−	−	−	−	+
Sphegigaster hamugurivora	+	+	+	−	−	+
Sphegigaster sp.	−	+	−	−	−	−
Thinodytes cyzicus	−	−	−	−	−	+
Trichomalopsis oryzae	+	+	−	−	−	+

易的な識別法については、第Ⅱ章の2で詳しくお話しします。

巻末の「品目別 農薬表」には、品目別にハモグリバエに登録のある農薬（2017年12月31日現在）を掲載しています。表Ⅰ-6には、最近開発・販売された農薬で含まれていないものもありますが、ハモグリバエ類に対する農薬を選ぶ際には、巻末の農薬表とともに参考にしていただければと思います。なお、農薬を使用する際には、必ず最新の農薬登録情報をご確認の上、ご使用ください。

(3) 頼りになる天敵寄生蜂

人間社会でも「あいつは俺の天敵だ」「○×選手の天敵は……」と言うように、ハモグリバエに対しても土着の天敵として幼虫に寄生する寄生蜂が知られています。表Ⅰ-7は、これまでに確認された6種ハモグリバエの寄生蜂です。

寄生蜂はハモグリバエの種により異なり、多くの寄生蜂が自然界に存在しています。この寄生蜂に影響の少ない農薬を選択し、寄生蜂を温存してハモグリバエの発生を少なくする技術が実用化されています。この防除技術については、第Ⅲ章の4で紹介したいと思います。

Ⅱ ここがポイント！　発見・判別と防除法

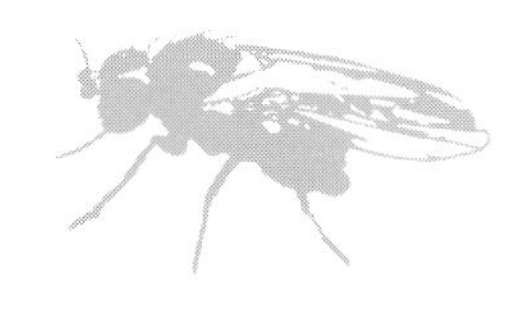

この章では、いよいよ具体的にハモグリバエの防除戦略についてお話ししたいと思います。防除戦略の中にはいろいろな戦術（防除技術）があります。それらの戦術をうまく組み合わせて、効率的にハモグリバエを退治しましょう。

1．早期発見が運命の分かれ道

(1) 多発すると防除困難に

ハモグリバエだけでなく、すべての病害虫に対する防除で一番大切なことは早期発見です。第Ⅰ章の2（2）でハモグリバエの幼虫期間（葉に潜って食害する期間）が短いことをお話ししましたが、ハモグリバエは放っておくと、あっという間に発生が多くなります（写真Ⅱ-1）。

発生が多くなると、一つの畑に卵、幼虫、蛹および成虫のすべての発育ステージが存在することになり、手の施しようがない状態になってしまいます。したがって、早期発見がハモグリバエを防除する上で最も大切なことになります。

(2) 下葉の初発サインに注目！

それでは、ハモグリバエを早期に発見するコツは何でしょうか？　トマトやキュウリなどの果菜類では、比較的下のほうの葉の表面を観察します。直径1㎜前後の小さな白い斑点（18ページ、写真Ⅰ-5参照）が見られれば、それはハモグリバエの雌成虫が産卵管で葉に穴をあけて、そこからにじみ出る水分をなめたり、産卵したりした痕になります。もし、葉にくねくねとした白い線が見つかれば、それは孵化した幼虫が葉に潜って食害した痕になり

写真Ⅱ-1　放っておくとあっという間に多発状態に（ネギハモグリバエ多発圃場）

ます（写真Ⅱ-2）。白い斑点か、くねくねとした線を見つけたときは、ハモグリバエの発生初期ということになります。

写真Ⅱ-2　トマトハモグリバエの絵描き痕

写真Ⅱ-3　黄色粘着板を吊り下げてハモグリバエの侵入を把握

ちなみに、ネギでは葉の先端部で比較的簡単に白い斑点を見つけることができ、ネギハモグリバエの発生初期を把握することができます。

(3) 黄色粘着板を数枚設置

ハモグリバエを早期に発見する最もメジャーな方法は、黄色粘着板（写真Ⅱ-3）を畑内に設置して、誘殺された成虫を見つけることです。

ハモグリバエの成虫は黄色を好み誘引されます。その習性を利用して、ハウスでは開口部付近に黄色粘着板を数枚設置し、数日に一度の間隔で、誘殺されているか否かを確認するとよいでしょう。

よく現地を巡回しているときに、生産者の方から「何枚くらい設置すればええんか？」と質問を受けます。ハモグリバエはハウスのサイドか入口近辺から侵入する可能性が高いと考えられます。また、生産者の方が一度に何十枚もの黄色粘着板をチェックすることは現実的ではありません。したがって、黄色粘着板はハモグリバエの侵入口である施設側面部や入口付近に、重点的に数枚設置して、マメにチェックするよう心掛けるとよいでしょう。

粘着板に成虫の誘殺を確認したときは、併せて下葉に白い斑点か白い筋が付いていないかを確認すれば、早期発見を逃すことは少なくなるはずです。

2. 葉潜り名人の見分け方

(1) まずは寄主植物で絞り込む

第I章の1では、現在、日本の野菜および花き類を主に加害している6種のハモグリバエについて紹介しました。このうち *Liriomyza* 属のトマトハモグリバエ、マメハモグリバエ、ナスハモグリバエ、アシグロハモグリバエおよびネギハモグリバエは、卵、幼虫、蛹および成虫の色や形が専門家でも見分けられないくらいよく似ています（図II-1）。しかし、6種の増殖能力および殺虫効果の高い農薬は異なるので、効率的に防除を行なう際には、まずは発生している種を特定する必要があります。

ハモグリバエの種を特定する方法の一つが、作物による種の絞り込みです。ハモグリバエはさまざまな作物を加害しますが、作物の種類によっては加害するハモグリバエの種を絞り込むことができます。口絵の「6種ハモグリバエ簡易識別フローチャート」をご覧ください。

まず、ネギ亜科のネギ、タマネギ、ラッキョウ、ニラなどを加害するハモグリバエは、ネギハモグリバエにほぼ絞られます。北日本地域ではアシグロハモグリバエが加害している可能性がありますが、本種の発生を確認していない地域ではネギハモグリバエでほぼ間違いないでしょう。

また、10月から翌年の6月頃までにつくられるアブラナ科野菜のハクサイ、ダイコン、マメ科のエンドウでは、ナモグリバエが主に発生します。高原野菜として夏場につくられるレタスでも、ナモグリバエが主に発生します。

その他の作物では、残念ながら複数種のハモグリバエが発生する可能性があるため、作物でハモグリバエの種類を絞り込むことは難しく、他のポイントで発生種を絞り込むことになります。

(2) 絵描き痕で犯人がわかる

作物で加害種を絞り込むことができなくても、ハモグリバエの絵描き痕など、食害された葉を観察することにより発生種を絞り込むことができます。

6種ハモグリバエのうち、トマトハモグリバエ、マメハモグリバエ、ナスハモグリバエは、トマトでは同時に発

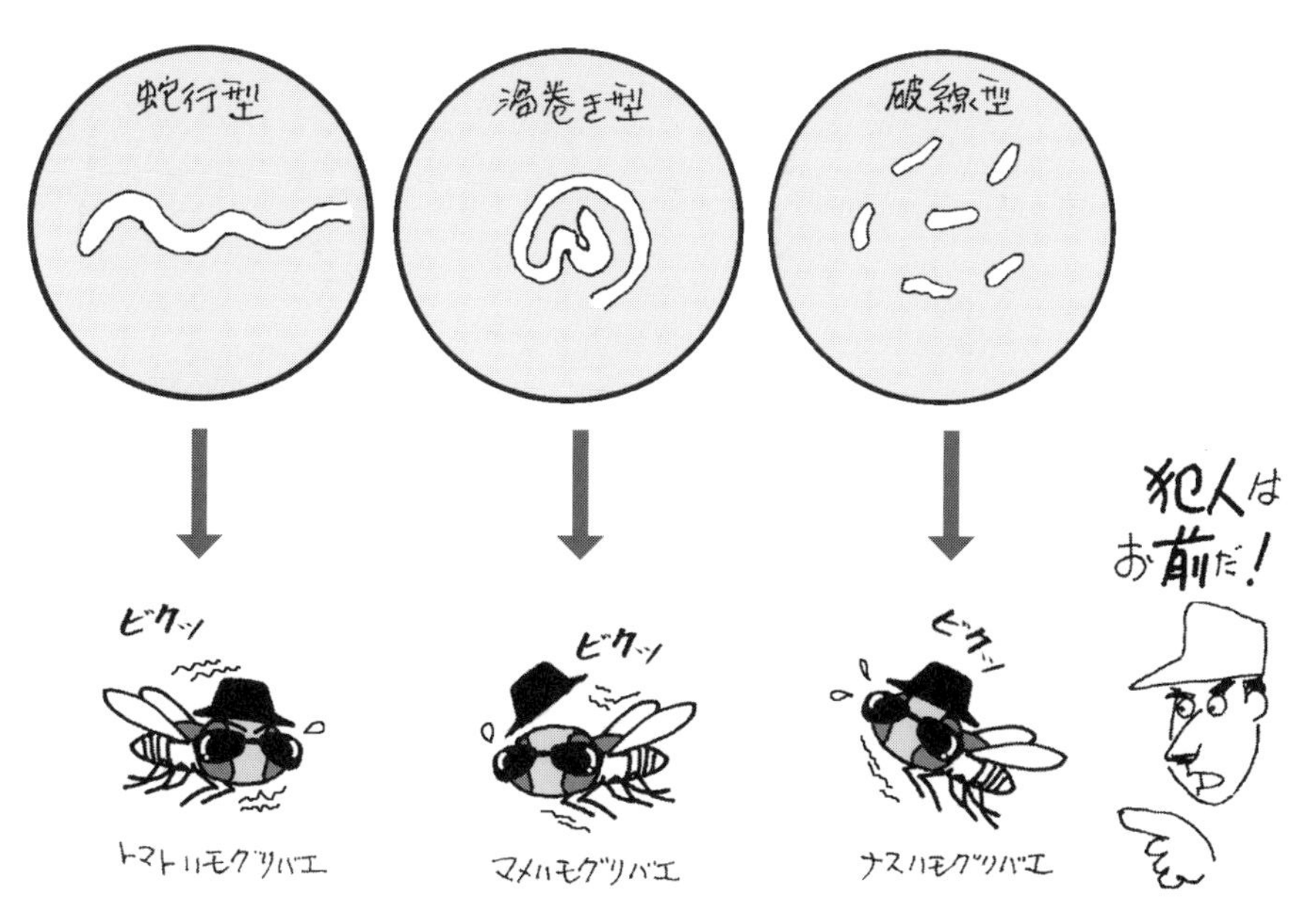

写真Ⅱ-4　トマトハモグリバエ幼虫の絵描き痕（蛇行型）

写真Ⅱ-5　マメハモグリバエ幼虫の絵描き痕（渦巻き型）

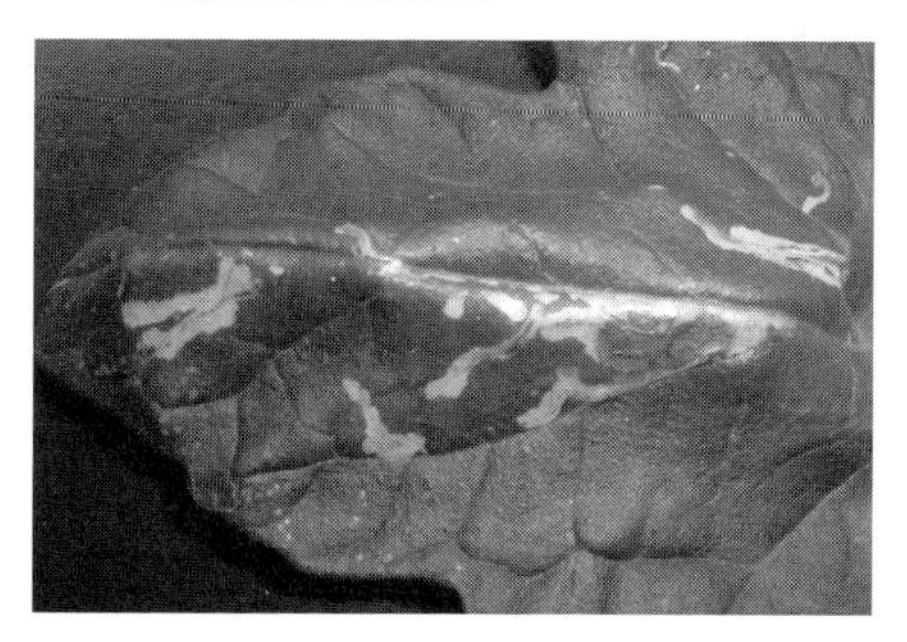

写真Ⅱ-6　ナスハモグリバエ幼虫の絵描き痕（破線型）

ナスハモグリバエ　　　　ネギハモグリバエ

図Ⅱ-1　トマトハモグリバエ、マメハモグリバエ、ナスハモグリバエ、ネギハモグリバエの卵、幼虫、蛹、成虫

生することがあります（図Ⅱ-2）。これら3種のトマトの葉での絵描き痕の形状パターンを観察すると、トマトハモグリバエの絵描き痕は蛇行型（写真Ⅱ-4）、マメハモグリバエは渦巻き型（写真Ⅱ-5）、ナスハモグリバエは葉の表側に描いたり、裏側に描いたりする破線型（写真Ⅱ-6）に分けられます。

さらに、絵描き痕の中の糞（細黒い筋）の色を観察すると、トマトハモグリバエは真っ黒、マメハモグリバエはトマトハモグリバエよりも薄黒色、ナ

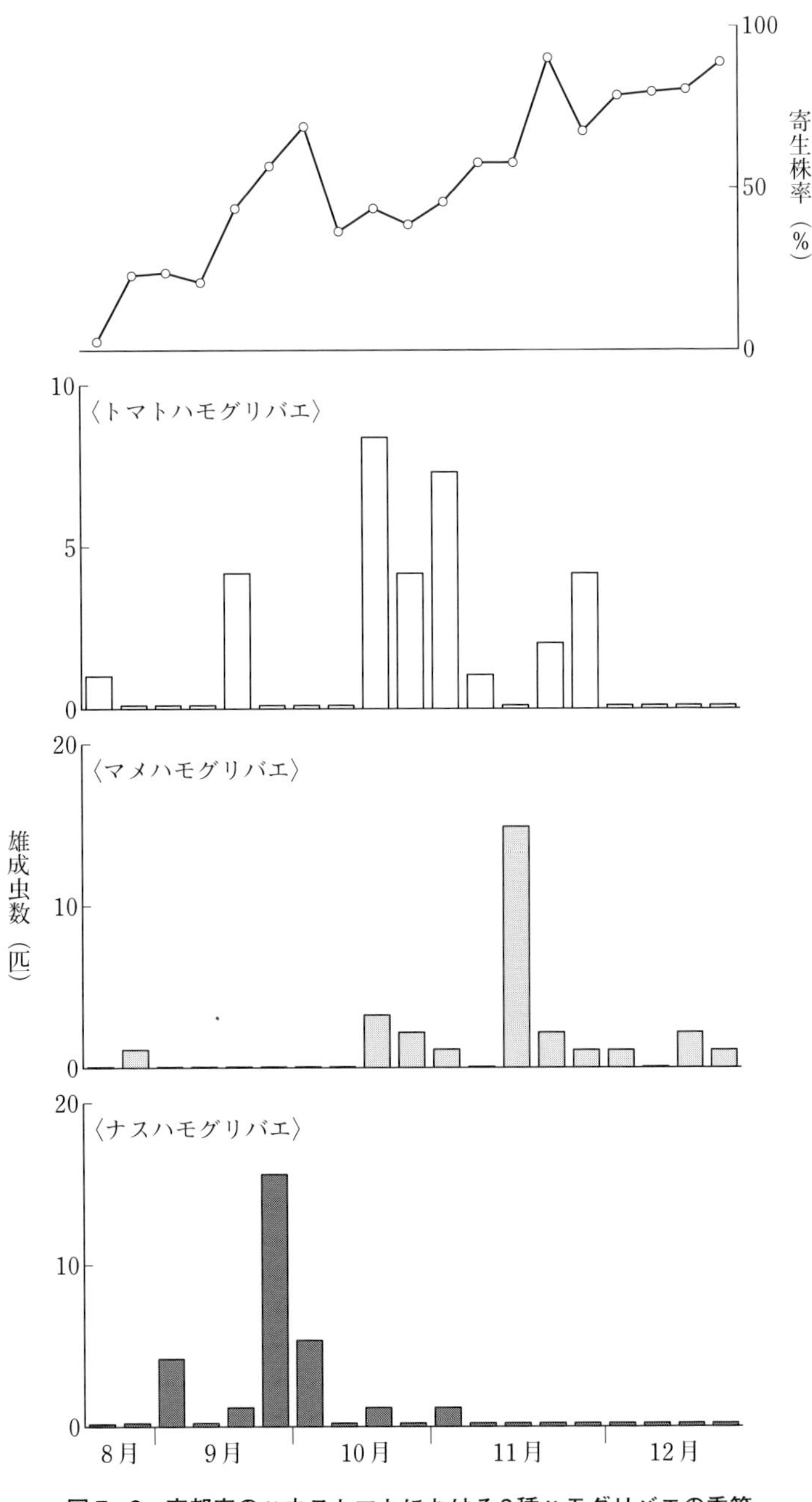

図Ⅱ-2　京都府のハウストマトにおける3種ハモグリバエの季節的発生推移
（Abe and Kawahara，2001を改変）

スハモグリバエはそれよりさらに薄黒色の糞を排出します。加えて、もし葉の裏側に蛹が付いていたら、これはナスハモグリバエである可能性が高くなります。

このように、100%識別できるわけではありませんが、葉の絵描き痕を観察することで加害しているハモグリバエの種を簡易的に識別することができます。

ちなみに、トマトには発生しませんが、ナモグリバエは糞を線状ではなく点状に排出し、葉の中で蛹化します（つまり、産卵から羽化まで、ずっと葉の中で過ごすことになります）。

(3) 専門家は雄の生殖器を見る

第Ⅱ章の2 ⑴ および ⑵ でお話しした識別法は、発生しているハモグリバエの種を生産現場で絞り込みたいときに参考にしていただければと思います。しかし、最終的には発生しているハモグリバエの種を正確に把握することが大切です。特に、これまでハモグリバエの発生がそれほど多くなかった作物で急に発生が多くなったときや、これまで殺虫効果が高かった農薬に対して殺虫効果が低下したと感じたときには、正確に種を特定する必要があります。

このような場合には、雄成虫の生殖器（ペニス）の形の違いにより種を特定（同定）します。写真Ⅱ-7は、トマトハモグリバエ、マメハモグリバエおよびナスハモグリバエの雄の生殖器です。大変細かい作業になりますが、正確な種の同定は雄成虫の生殖器の先端部を光学顕微鏡で観察して行ないます（図Ⅱ-3）。

もし、ご自身の畑に発生しているハモグリバエの正確な種を知りたいときには、私まで直接サンプルを送ってい

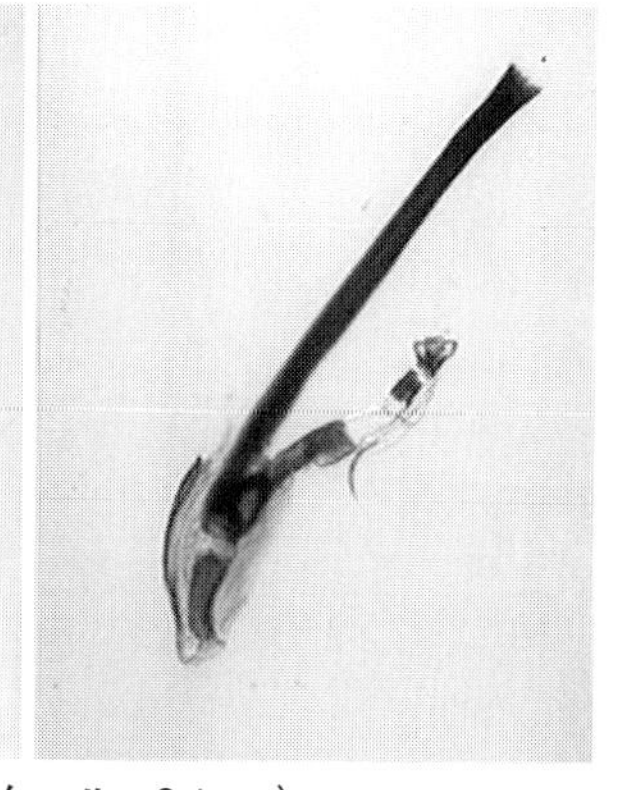

写真Ⅱ-7　3種ハモグリバエの雄生殖器（スケール：0.1mm）
左からトマトハモグリバエ、マメハモグリバエ、ナスハモグリバエ

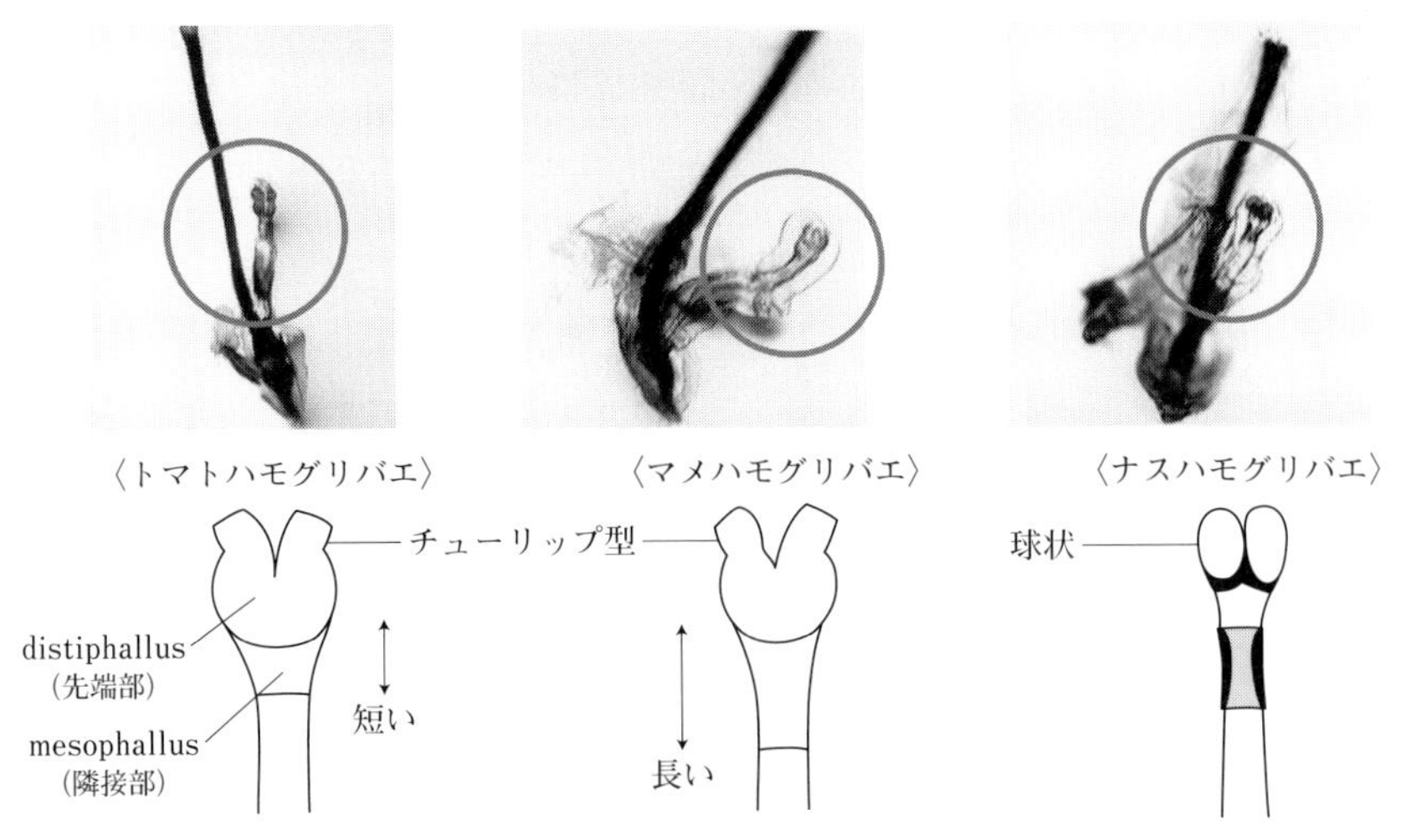

図Ⅱ-3　3種ハモグリバエ雄生殖器先端部の模式図

注　上段：全形の写真，下段：挿入器先端部腹面の模式図

コラム

AIを使ってハモグリバエを識別!?

突然ですが、AI（Artificial Intelligence）をご存知でしょうか？　AIとは、人工知能のことであり、人工知能とは人間の使う言語を理解したり、論理的な推論を行なったり、経験から学習するコンピュータプログラムのことを言います。現在、AIはさまざまな分野において活用が急速に進められていますが、農業分野においてもAIを使った技術開発に向けた研究が始まっています。

第Ⅱ章の2では、ハモグリバエによる食害痕の形状による簡易識別法について紹介しました。現在、この食害痕の形状の画像データを用いて人工知能にハモグリバエの種を学習させて、ハモグリバエの種を簡易的に識別するシステムの開発に取り組んでいます。近い将来、スマートフォンで撮影したハモグリバエの食害痕の画像を送信するだけで、ハモグリバエの種を識別するシステムが実用化されるかもしれません。

ただいても同定させていただきますが、各都道府県に設置されているお近くの病害虫防除所か農業関係試験研究機関までご相談ください。

3. 防除戦略の基本を知る

(1) 作物・作期・加害種で変わる対策

それでは、ここからは本格的にハモグリバエの防除対策についてお話ししていきましょう。

ハモグリバエの防除対策は作物、作期、加害種で変わってきます。詳しくは、第Ⅳ章の「品目別 防除マニュアル」でお話ししますが、作物ごとに発生するハモグリバエの種がある程度絞り込めます。また作期によっては、ハモグリバエの加害が問題にならない（ハモグリバエがほとんど発生しない）時期があります。そして、何度もご説明していますが、ハモグリバエの種により殺虫効果の高い農薬は異なります。

以上の点を整理した上で、自分がつくる作物の防除対策を立てると、上手に防除できるようになります。

(2) 畑のコンディションを整える

畑は、農作物をつくる場所であるとともに、私は生産者の「職場」だと思っています。一般的に職場は、労働者にとってより働きやすい環境にすることが必要です。働きやすい環境にすることにより、高いパフォーマンス（業績など）が得られます。

これと同じように、畑（職場）のコンディション（環境）を整えることにより、収穫量が多く、品質の高い生産物（高いパフォーマンス）を得ることに繋がります。それでは、畑のコンディションを整えるためには何をすればよいのでしょうか?

特別にしていただくことは何もありません。以下の点を常に意識していただければ、ハモグリバエの発生を抑えることができます。

○ハモグリバエは、ナス科、キク科およびアブラナ科の雑草（イヌホオズキ、ノボロギク、スカシタゴボウ、ヨモギ、ナズナなど、表Ⅱ-1）が重要な発生源になります。したがって、畑内はもちろん、周辺の除草を徹底します。

○加害された植物の残渣（写真Ⅱ-8）に寄生している幼虫は数日で蛹にな

り、成虫が羽化し、発生源になるため、畑の外に持ち出して埋めるか、埋められないときはビニルフィルムなどで覆いましょう。

○施設栽培では、成虫の施設外からの飛来を防ぐため、施設の出入口付近やサイドに目合い0・8㎜以下の防虫ネット（写真Ⅱ-9）を張りましょう。

地味で少し面倒くさい作業もありますが、コツコツの積み重ねがよいコン

表Ⅱ-1　ハモグリバエの寄主として確認されている雑草

ノボロギク、チチコグサモドキ、アレチノギク、コセンダングサ、イヌガラシ、ヨモギ、ナズナ、イヌホオズキ、スカシタゴボウ

注　西東（1997），徳丸・阿部（2001）を参考に作成

写真Ⅱ-8　残渣もハモグリバエの発生源

写真Ⅱ-9　防虫ネットは目合い0.8㎜以下がよい

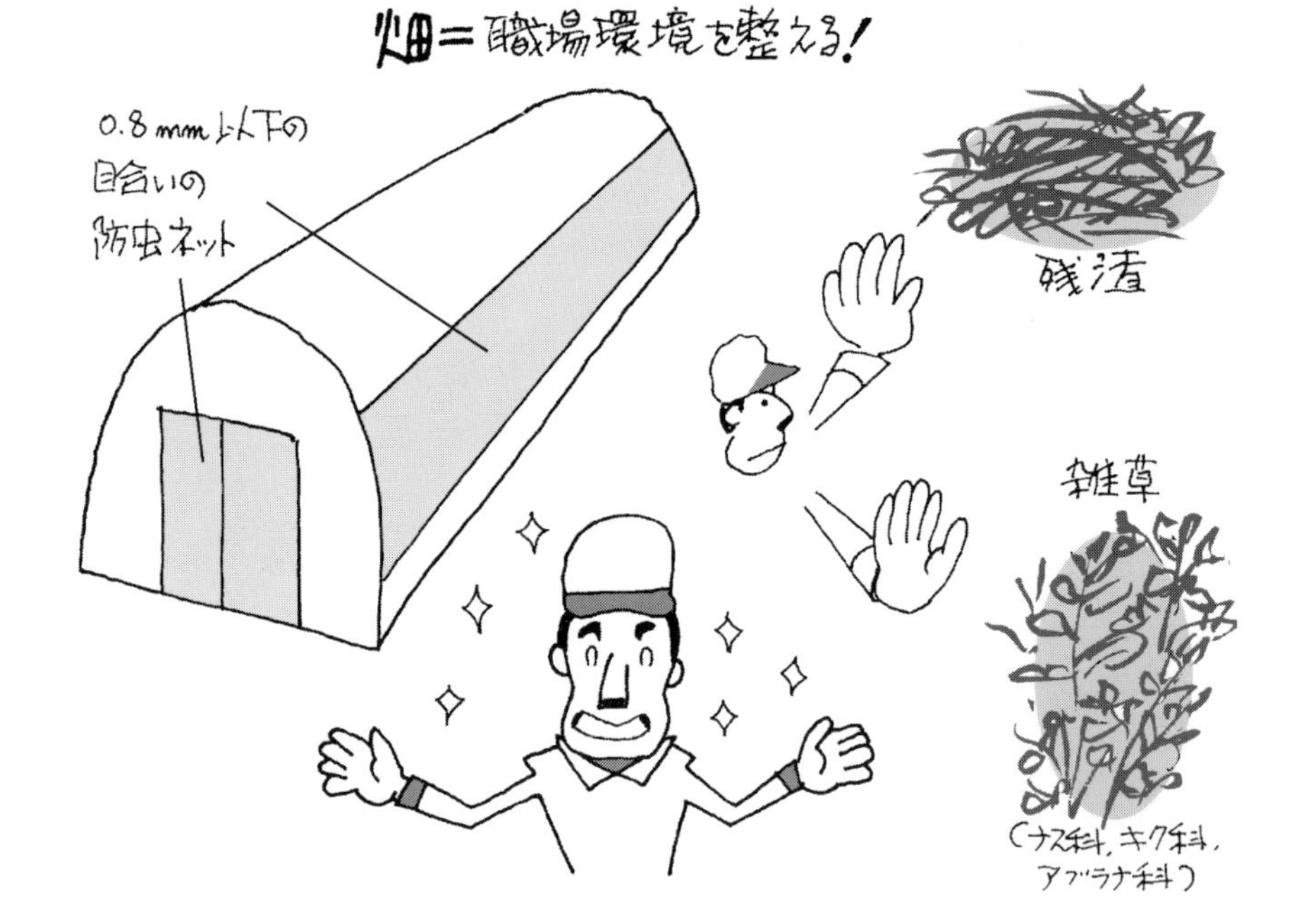

ディションづくりに繋がります。

(3) 資材と農薬のかしこい選択

畑のコンディションを万全に整えても、ハモグリバエは畑内に侵入してきます。それに備えた防除戦略を立てておく必要もあります。

これも作物によって採る戦略は異なってきますが、基本的な考えは「農薬は最終兵器とする」です。ハモグリバエには農薬以外にも、防虫ネット、黄色粘着フィルム、生物農薬としての天敵昆虫（寄生蜂）などの防除技術が開発されています。また、自然界にはハモグリバエの幼虫に寄生する土着の寄生蜂が多くいます。

これらの防除技術と自然の力を最大限に生かしながら、それでもハモグリバエの発生が減らないときには農薬に頼る、というスタンスが防除戦略の基本になります。

(4) 農薬と天敵を使い分ける

ハモグリバエの防除戦略は、まずは農薬以外の防除資材を主体に対応し、それでも抑えられない場合には、農薬を最終兵器として投入すると述べました。この防除戦略が最も使えるのは、施設栽培のトマト、キュウリ、ナスなどの果菜類になります。これらの作物では、ハモグリバエが加害する葉は収穫物ではありませんので、ハモグリバエの密度を低く抑え

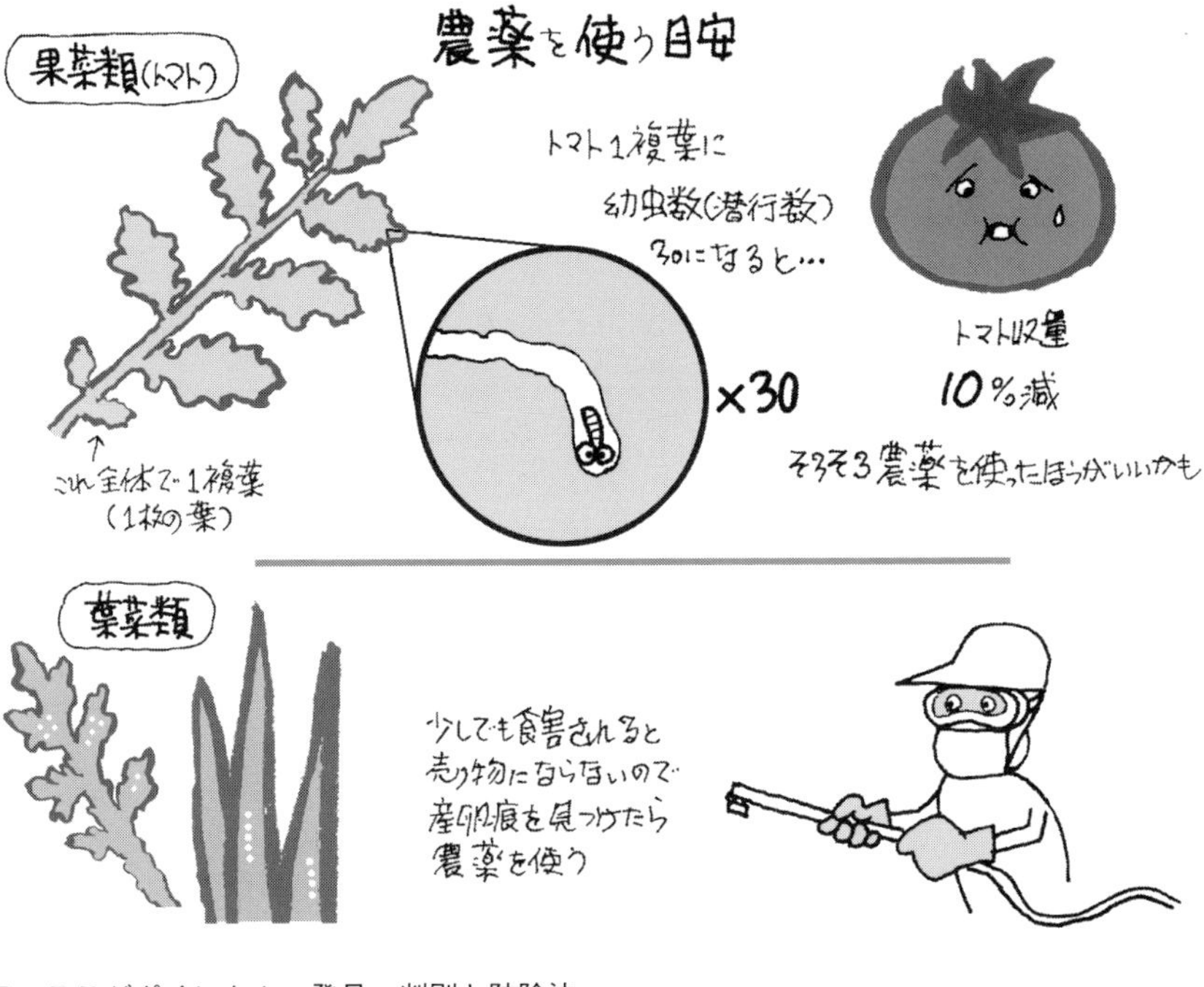

ることを考えて防除すればよいのです。

農薬以外の防除法としては、防虫ネットの展張、紫外線カットフィルムの利用、うねへのマルチ、黄色粘着フィルムの展張などがあります。また、自然界にはハモグリバエに寄生する多種類の寄生蜂がいます。これらの寄生蜂を最大限に生かすためには、寄生蜂に対して影響が少なく、寄生蜂を温存した環境を保つことが重要になります。これらの防除技術については、次章「これなら防げる！ ハモグリ防除・虎の巻」で詳しくお話ししたいと思います。

一方で、ネギ、シュンギク、キクなどの葉菜類および花き類では、ハモグリバエは収穫対象である葉を直接加害するため、少しの加害でも見た目が悪くなり、商品価値は下がります。したがって、これらの作物では、農薬以外の防除法に加えて、農薬も必要に応じて使う防除戦略を立てることになります。

次に発生段階別の防除戦略についてですが、定植直後など、本葉が1～2枚程度のときにハモグリバエが発生したときには、その発生量の多少にかかわらず農薬を使って防除を行ないます。それ以降にハモグリバエの発生を認めたときは、果菜類ではなるべく農薬以外の防除法で対応するとよいでしょう。トマトでは、1複葉あたり約30匹の幼虫（30の潜行数）が食害すると、トマトの収量が約10％減収する（Ledieu and Helyer, 1985）と言われています（図Ⅱ-4）。したがって果菜類では、ある程度、作物が生育した段階において、この発生密度を目安に、できる限り農薬を使わない防除法で対応します。

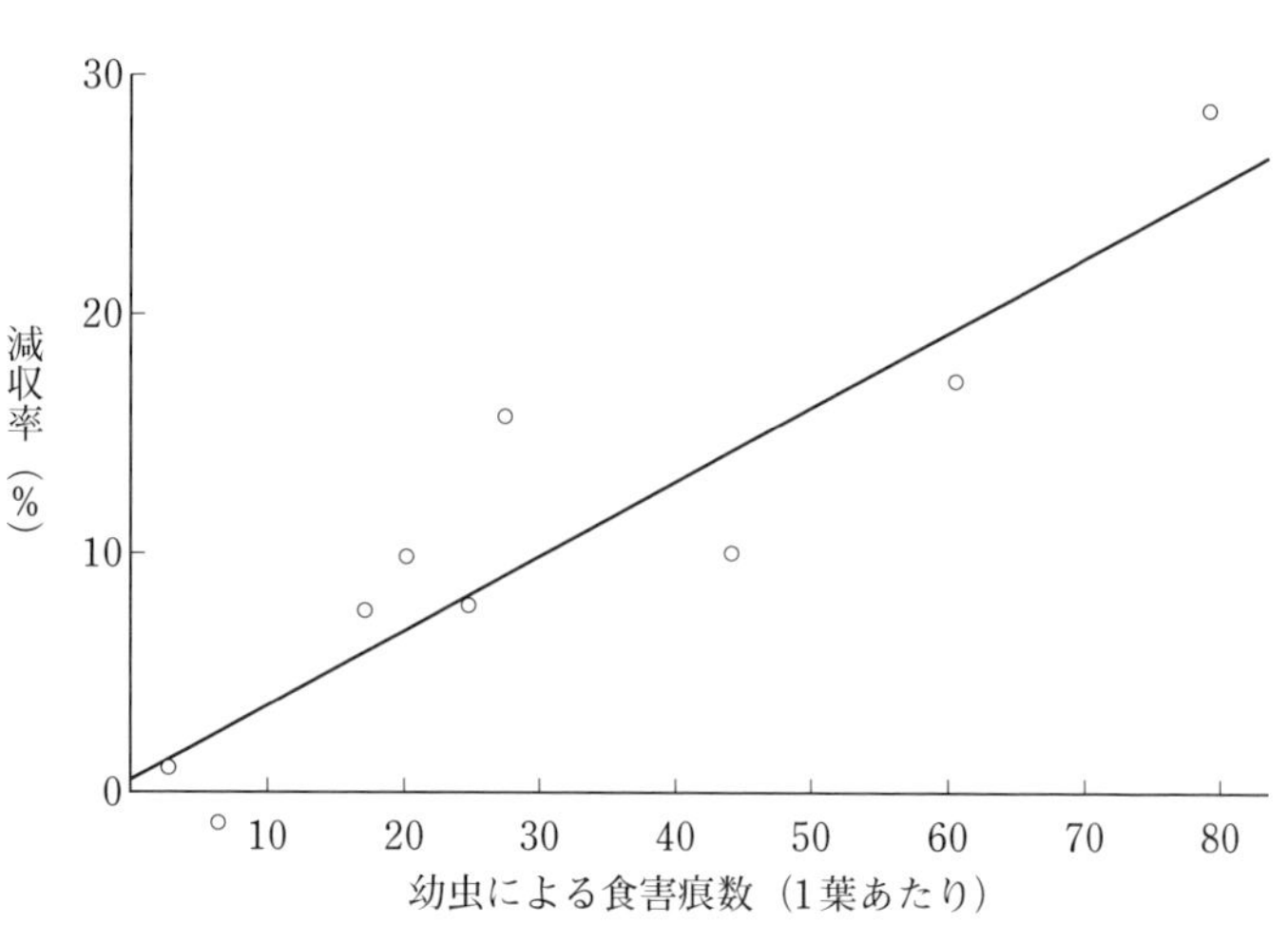

図Ⅱ-4 ハモグリバエ幼虫の食害痕数と収量低下の関係
(Ledieu and Helyer, 1985)

Ⅲ　これなら防げる！　ハモグリ防除・虎の巻

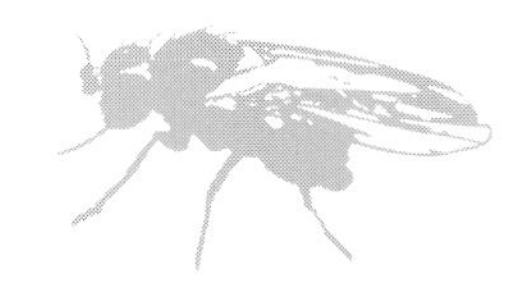

この章ではハモグリバエの防除法について、さらに詳しく説明したいと思います。今すぐにでも始められる防除法から、最後は未来の防除法までご紹介します。

1．圃場管理、三つの鉄則

(1) 苗に入れない

苗の段階でハモグリバエに加害されると枯れ上がることがあるので、育苗期の管理を徹底します。自分で苗を種子から育てる場合には、目合いが0・8㎜以下の防虫ネットで覆い、成虫の苗への産卵を防ぎます。また、育苗する畑周辺の雑草の管理や、寄主となる他の植物における防除を徹底して、ハモグリバエの発生源をつくらないようにします。

ホームセンターや園芸店などから苗を購入する場合には、ハモグリバエの寄生の有無（産卵痕の白い点や絵描き痕）を確かめ、購入後は防虫ネットで覆うなどして苗への侵入を防ぎます。

(2) 畑で増やさない

苗の定植後や、ハモグリバエの発生を確認した後は、発生を増やさないようにします。

施設栽培では、施設の開口部や側面部に目合いが0・8㎜以下の防虫ネットを張り、外からの成虫の侵入を防ぎます。また、施設内に黄色粘着フィルム（写真Ⅲ-1）や大量の黄色粘着板（写真Ⅲ-2）を設置し、ハモグリバエの発生を抑えます。うね面にはマルチ（写真Ⅲ-3）を行ない、土中で蛹になるのを防ぎます。

写真Ⅲ-1　黄色粘着フィルムを使ってハモグリバエ成虫を大量誘殺

被害葉や作物残渣は必ず畑の外へ持

ち出して、土中に埋めるかビニルフィルムなどで覆い、成虫が羽化するのを防ぎます。さらに、畑の中および周辺では、ハモグリバエの発生源および増殖源を除去するために除草を徹底します。

(3) 畑に残さない

摘葉や収穫の後には、ハモグリバエの発生源を除去するために、残渣は早めに畑から持ち出して処分するようにします。生産現場を巡回していると残渣が畑の隅に山積みになっているところをよく見かけます（写真Ⅲ-4）。大量の残渣を速やかに処分することは現実的には難しいと思いますので、こういう場合には山積みの残渣の上に使い古したビニルフィルムを1枚かけることにより、残渣中のハモグリバエの幼虫を死滅させます。この防除法は暑い夏場では特に有効です。

また、夏場の施設では、施設の開口部をすべて閉めきり、高温にすることで施設内に残ったハモグリバエを死滅させます。

写真Ⅲ-2　誘殺用の大量の黄色粘着板

写真Ⅲ-3　うね面のマルチにより土中で蛹になるのを防ぐ

写真Ⅲ-4　山積みの残渣にはビニルフィルムをかけて幼虫を死滅させる

2. よく効く防除資材と物理的防除法

ハモグリバエの防除戦略の基本は、農薬以外の防除資材を中心に対応することです。ここでは、今すぐ使える防除効果の高い防除資材についてご紹介します。

(1) 有効な防除資材の使い方

◎目合い0・8㎜以下のネットがいい

トマト、キュウリ、シュンギクなどの施設栽培では、施設の側面および開口部に、目合い0・8㎜以下の防虫ネットを展張します。表Ⅲ-1のとおり、目合い0・8㎜の防虫ネットを展張した施設トマトでは、ハモグリバエの潜行数(食害痕数)が、防虫ネットを展張していないハウスの17分の1、目合い1・0㎜の防虫ネットを展張したハウスの6分の1に、それぞれ抑えられました(福井、未発表)。

表Ⅲ-1　防虫ネットによる侵入抑制効果
(福井，未発表)

目合い	寄生葉率(%)	絵描き痕数／複葉
0.8㎜	6.7	0.1
1.0㎜	26.7	0.6
ネットなし	50.0	1.7

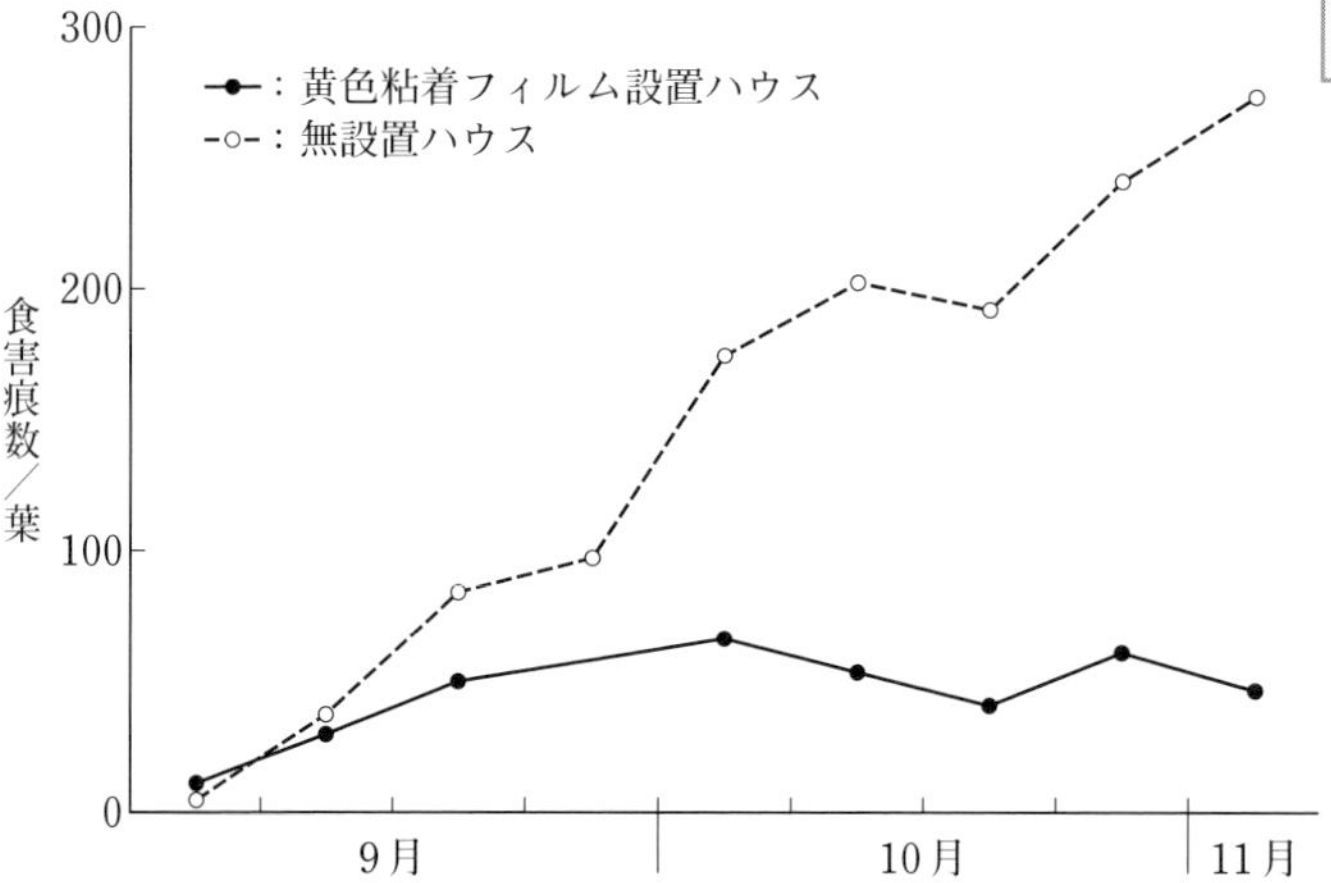

そのほか、防虫ネットは、施設の開口部に展張するだけでなく、育苗時や露地栽培でトンネル状に被覆することにより、ハモグリバエ成虫の侵入を防

図Ⅲ-1　黄色粘着フィルムの展張がハモグリバエ幼虫の食害痕数に及ぼす影響
(徳丸ら，2005を一部改変)

ぐことができます。

◎黄色粘着フィルムは横向きに張る

ハモグリバエの成虫は黄色に誘引されます。その習性を利用して、施設の内外に黄色粘着フィルムを展張し、施設内でのハモグリバエの発生を抑えます（図Ⅲ-1）。

また、黄色粘着フィルムは、横向き（水平）に設置（写真Ⅲ-5）することで、縦向き（垂直）に設置（写真Ⅲ-6）するより、ハモグリバエ成虫の誘殺を約5倍に高め（図Ⅲ-2）、結果的に潜行数（食害痕数）を約2分の1に抑えることができます（図Ⅲ-3）。誘殺数が増える原因は解明されていませんが、黄色粘着フィルムを横向きに設置することにより、さらに防除効率を高める

写真Ⅲ-5　黄色粘着フィルムの設置例（水平）

写真Ⅲ-6　黄色粘着フィルムの設置例（垂直）

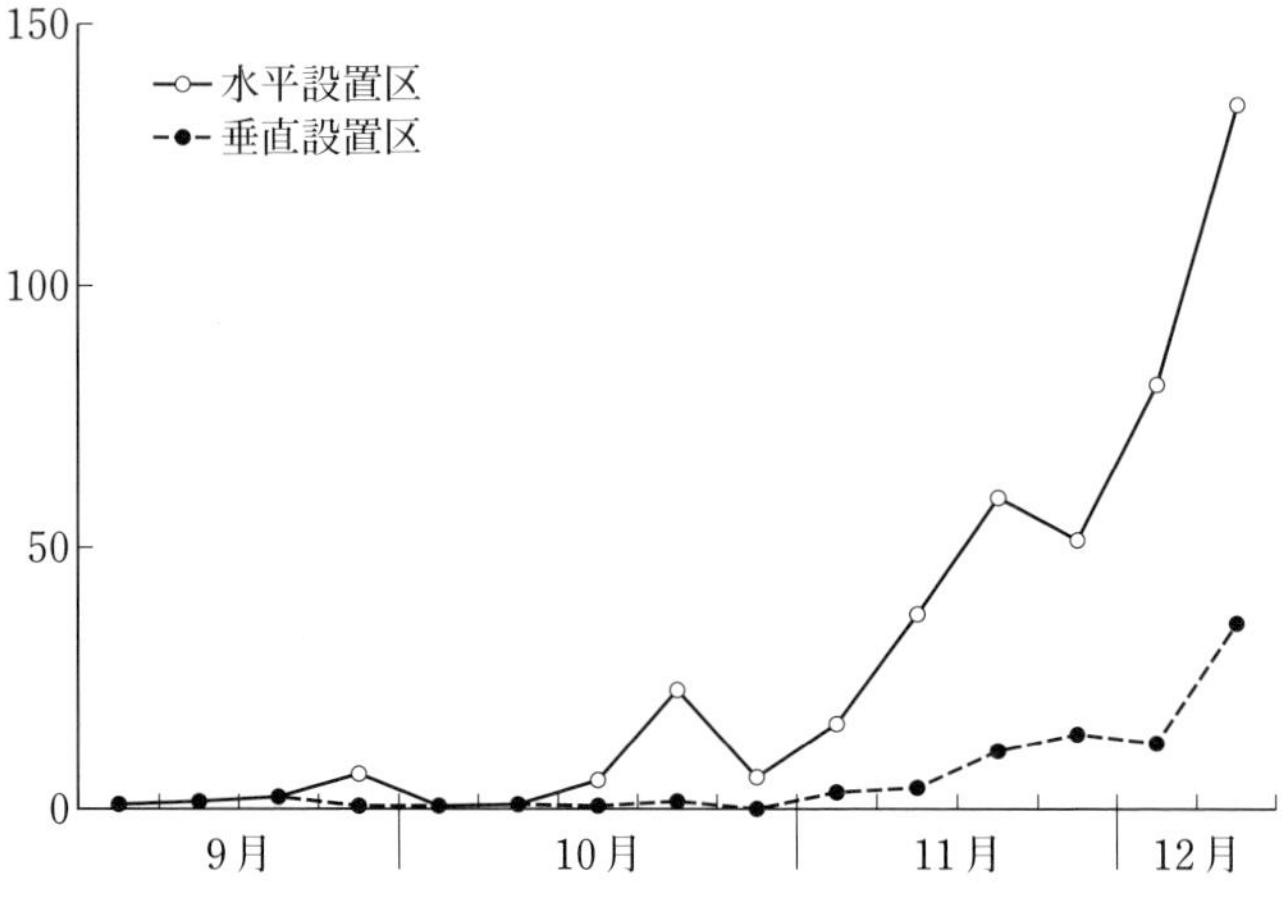

ことができます。

なお、黄色粘着フィルムは、ハモグリバエだけでなく、施設野菜などで問題になるコナジラミ類（タバココナジラミ、オンシツコナジラミ）やアザミウマ類（ミカンキイロアザミウマ、ネギアザミウマ、ミナミキイロアザミウマなど）も誘殺します（表Ⅲ-2）。

図Ⅲ-2　黄色粘着フィルムの展張方向がハモグリバエ成虫の誘殺に及ぼす影響　（徳丸，未発表）

注　平均誘殺虫数：水平設置区28.6匹，垂直設置区5.9匹

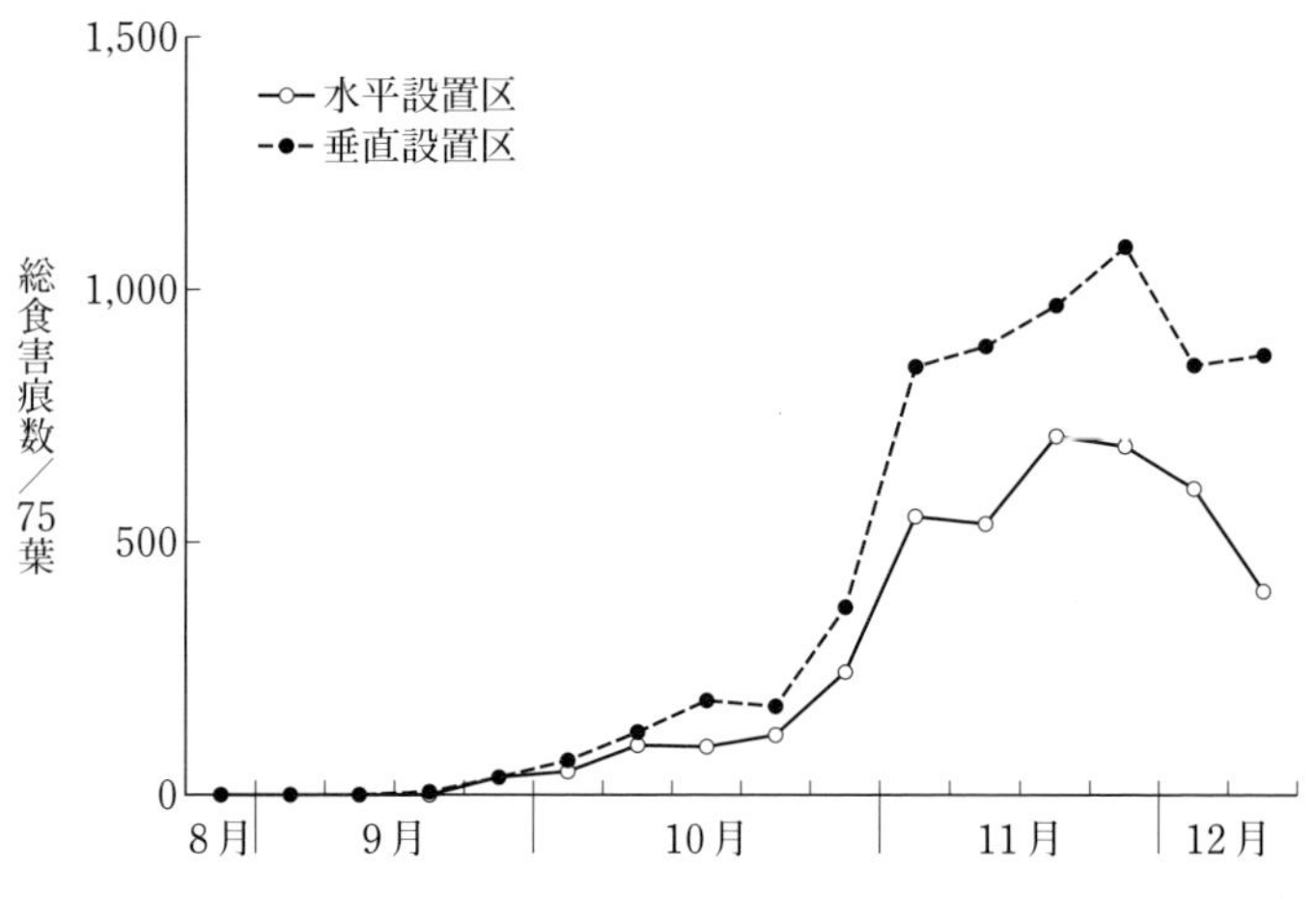

図Ⅲ-3　黄色粘着フィルムの展張方向がハモグリバエ幼虫の食害痕数に及ぼす影響　（徳丸，未発表）

黄色粘着フィルムを横向きに張るのに、よい方法があります。用意するものは、針金ハンガー（クリーニング屋で使う安いもの）、直管パイプ、ハウスパッカー（留め具）、割り箸。まず、ハンガーの針金を外し、直管パイプをハンガーの底辺部分に通したら、元の形に戻します。これをだいたい5mおきに吊り下げたら、ハンガーの輪の中に、水平にした黄色粘着フィルムを通し、直管パイプの部分をパッカーで留めていきます（写真Ⅲ-7）。最後に、ハンガーの間でフィルムがねじれないように、だいたい1～2mおきにフィ

ルムを割り箸で挟みます（写真Ⅲ－8）。

〈材料の目安〉

○針金ハンガー、直管パイプ、ハウスパッカー：フィルムの片端（展張の始点）に1個＋フィルム約5mごとに1個

○割り箸：フィルム約5mごとに2～4膳（本）

※ハンガーと割り箸の設置間隔は、あくまで目安ですので、それぞれのハウスの条件に合わせて設置してみてください。

◎侵入防止に紫外線カットフィルムも

ハモグリバエ成虫の施設内への侵入防止には、紫外線カットフィルムの施設天井部への展張も有効です。紫外線カットフィルムを展張すると、一般の塩化ビニルフィルムを展張した施設に比べてハモグリバエの発生を抑えることができます（図Ⅲ－4）。その原因は、紫外光をカットされるとハモグリバエの成虫には施設の中が暗く見え、侵入することが困難になるため、と言われています。

この防除技術も、ハモグリバエだけ

表Ⅲ－2　黄色粘着板に誘殺される害虫種

コナジラミ類	オンシツコナジラミ、タバココナジラミ
ハモグリバエ類	トマトハモグリバエ、マメハモグリバエ、ナスハモグリバエ、アシグロハモグリバエ、ネギハモグリバエ、ナモグリバエ
アブラムシ類	ワタアブラムシ、モモアカアブラムシなど
アザミウマ類	ネギアザミウマ、ミナミキイロアザミウマなど

写真Ⅲ－7　針金ハンガーを使って黄色粘着フィルムを水平に

写真Ⅲ－8　割り箸で黄色粘着フィルムを挟んでねじれを防ぐ

でなく、コナジラミ類、アザミウマ類などに対しても高い防除効果があります（表Ⅲ-3）。また、害虫だけでなくキュウリやトマトの灰色かび病などに対しても防除効果が認められています（表Ⅲ-3）。しかし、ナスでは果実が着色しなくなり、葉菜類では徒長しやすくなるので、使用する際には注意が必要です。

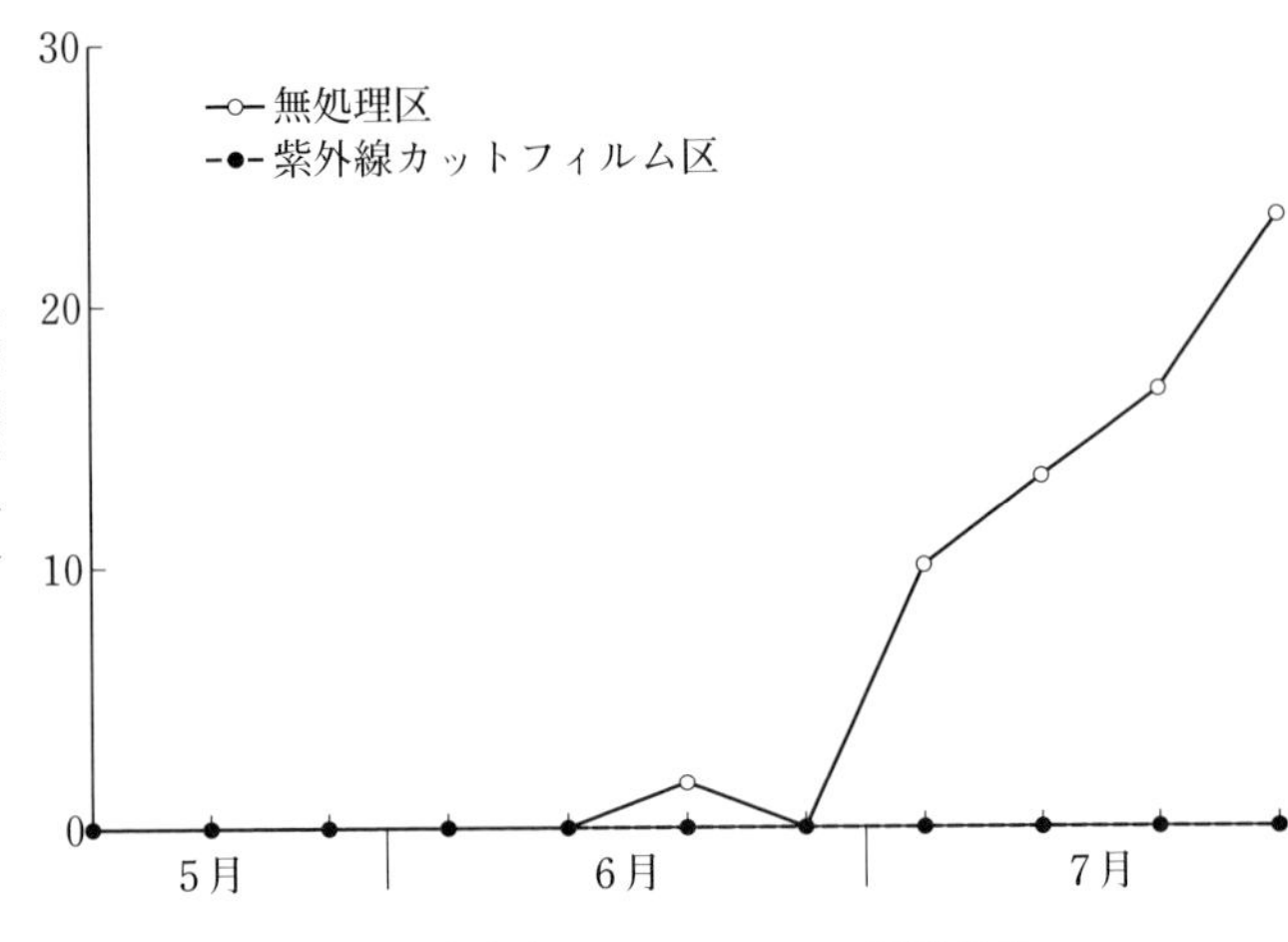

図Ⅲ-4　近紫外線カットフィルムの防除効果
（徳丸，未発表）

表Ⅲ-3　近紫外線カットフィルムによる防除効果が認められている病害虫

害　虫	コナジラミ類（オンシツコナジラミ、タバココナジラミ）、ハモグリバエ類（トマトハモグリバエ、マメハモグリバエ、ナスハモグリバエ、アシグロハモグリバエ、ネギハモグリバエ、ナモグリバエ）、アブラムシ類（ワタアブラムシ、モモアカアブラムシなど）、アザミウマ類（ネギアザミウマ、ミナミキイロアザミウマ、ヒラズハナアザミウマなど）
病　害	灰色かび病、黒斑病など

(2) シンプルな物理的防除法

◎黄色い幼虫は殺し、黒い幼虫は保護

本書の読者の中には、プロの生産者だけでなく、家庭菜園でトマトやキュウリを育てている方もおられると思います。それらの読者の方々にもできる簡単な物理的防除法についても紹介したいと思います。

家庭菜園において最も簡単なハモグリバエの物理的防除法は、潜行幼虫の捕殺になります。潜行している幼虫の葉を取り除くか、幼虫を指で圧殺するなどして防除しましょう。このときに注意しなければいけないポイントは、「黄色の幼虫は殺し、黒色の幼虫は保護‼」です。黄色の幼虫（写真Ⅲ-9）は、葉ごと取り除くか、指などで圧殺します。しかし、褐色～黒色の幼虫（写真Ⅲ-10）であれば、それはハモグリバエの幼虫に寄生した寄生蜂の幼虫で

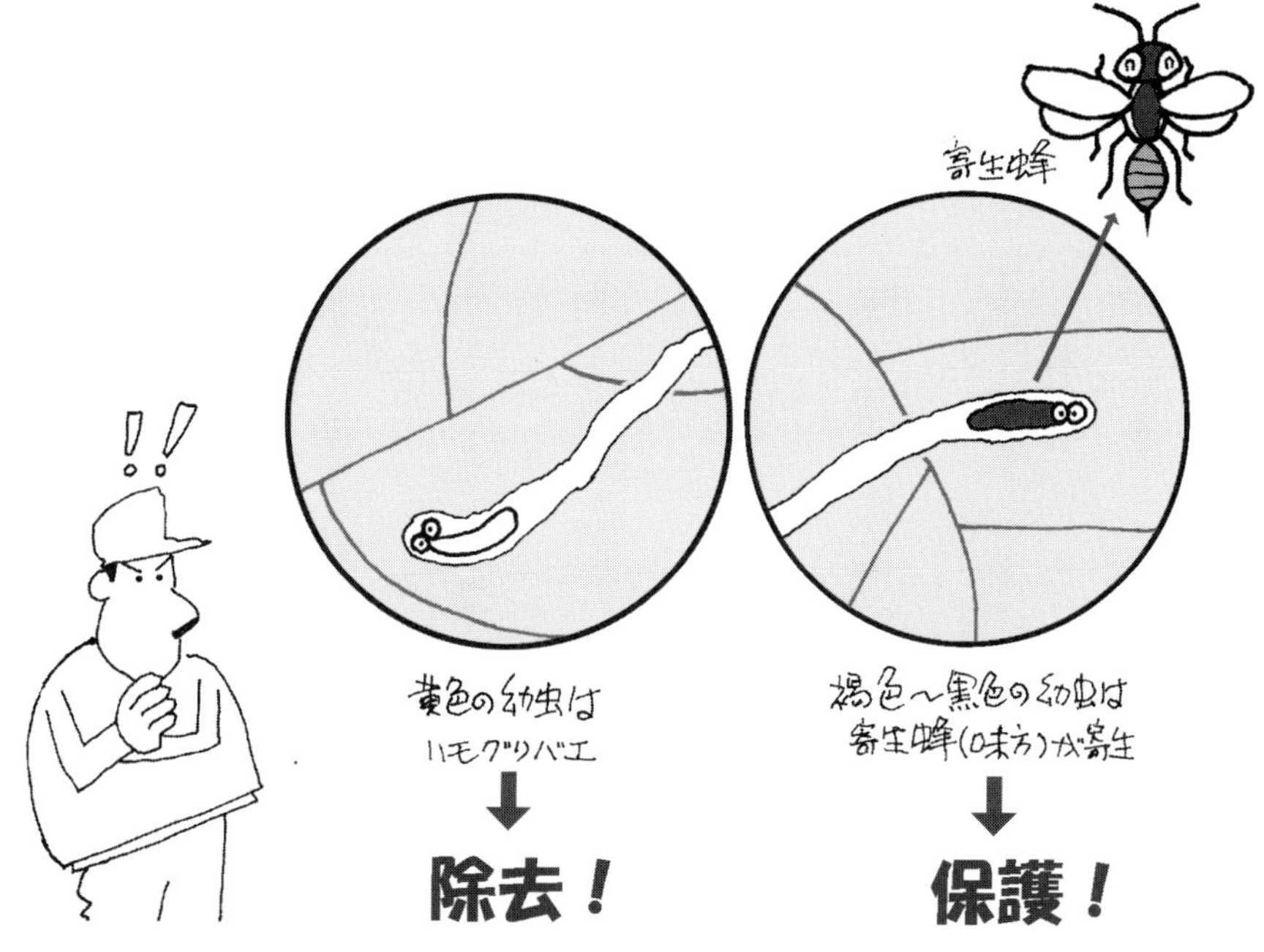

すので、取り除かずにそのままにしておきましょう。

読者の中には、「黄色と褐色」の違いがわかりにくい、という方もおられると思います。ここで言う「黄色」は、本当にきれいな黄色（信号機の黄色）です。少しでも黄色が褐色気味であれば、それは寄生蜂の幼虫なので〝保護〟となります。また、孵化直後の幼虫は、体のサイズが小さすぎるため、残念ながら見分けることはできません。

◎太陽熱消毒で土中の蛹を撃滅

収穫終了後は、次作や周辺作物でのハモグリバエの発生を抑えるために、作土の上にビニルフィルムを1枚かけて太陽熱消毒を行ない、土中に残ったハモグリバエの蛹を死滅させましょう。

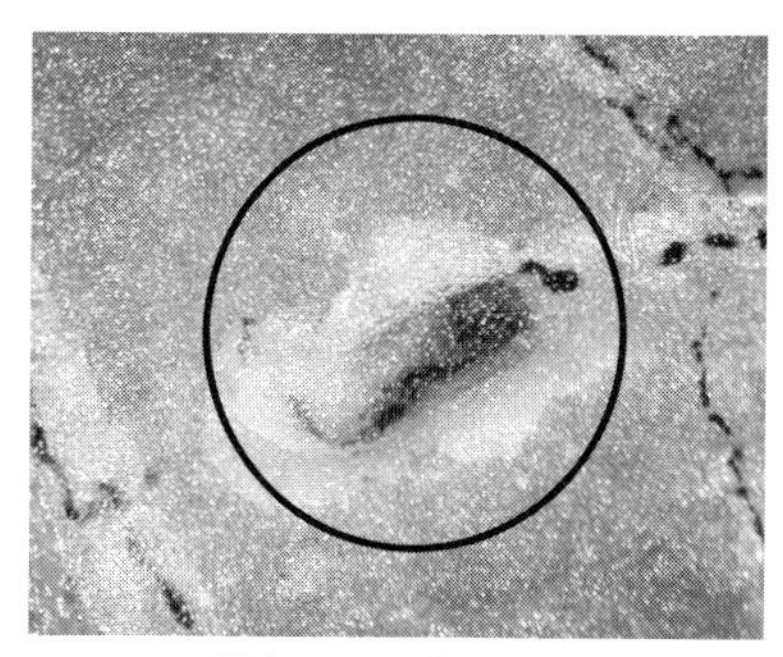

写真Ⅲ-9　生存幼虫
（黄色、体長約3㎜）

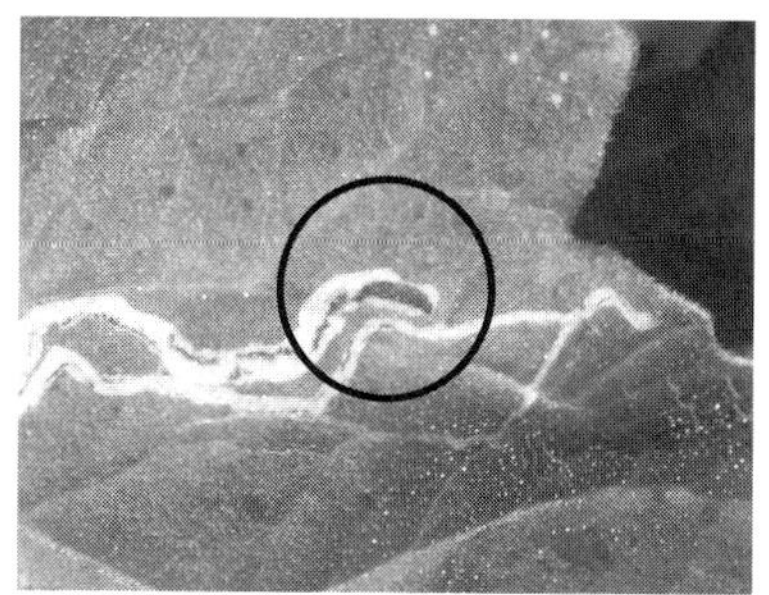

写真Ⅲ-10　寄生蜂に寄生された幼虫（黒色）

表Ⅲ−4　各温度条件と処理時間における蛹の致死率（田中ら，2000を一部改変）

温度（℃）	処理時間（hour）						
	0.5	1	2	3	4	6	24
40	0.0	0.0	0.0	0.0	10.3	27.3	10.3
42	0.0	1.7	0.0	6.0	18.8	6.0	27.3
44	0.0	0.0	0.0	10.0	1.7	95.8	100.0
46	27.3	82.9	87.2	100.0	100.0	100.0	100.0
48	100.0	100.0	100.0	100.0	100.0	100.0	100.0
50	100.0	100.0	100.0	−	100.0	−	−
52	100.0	100.0	100.0	−	100.0	−	−
54	100.0	100.0	100.0	−	100.0	−	−

マメハモグリバエの蛹は、48～54℃条件下において30分間で死亡すると言われています（表Ⅲ−4）。

◎冬の寒気にさらすと数日で死滅

太陽熱消毒による殺虫効果があまり期待できない冬場の収穫終了後の対策は、どうすればよいでしょうか？

ハモグリバエの成虫は、雌が産卵管で葉の表面に穴をあけて、そこからにじみ出る水分をエサにしています。したがって、そのエサ源となる作物や雑草を完全に取り除いて、施設内に封じ込めて餓死させるか、寒冬の時期に施設の開口部を全開にして、寒気にさらすことで成虫を数日で死滅させます。

施設内に少しでも作物の残渣や雑草が残っていると、そこでハモグリバエは生き延びてしまいますので、植物体を完全に取り除くことが絶対条件となります。夏場は太陽熱、冬場は寒気にさらして、収穫終了後も気を抜かずに防除を行ないましょう。

コラム　蛹を掃除機で吸って防除

某府県のトマト生産者は、ハモグリバエの幼虫が土中へ移動して蛹になる習性を利用して、週に1回、施設の床に落ちている蛹を掃除機で吸い取って防除をされています。実際の防除効果についての科学的データはありませんが、発生密度は低く抑えられています。

最近は、家庭用掃除機としてロボット掃除機が普及していますが、近い将来、ロボット掃除機を用いてハモグリバエを防除する日が来るかもしれません。

3. 農薬は〝適剤適所〟で使うべし

これまでにも述べたように、ハモグリバエの防除戦略の基本は、農薬以外の防除資材を主体に進めることです。しかし、ハモグリバエによる少しの加害で商品価値が落ちる葉菜類や、多発した場合には、農薬を「適剤適所」に使用して対応します。

(1) 効く農薬は発育ステージで変わる

第I章の3(2)で、各種殺虫剤のハモグリバエに対する効果は種により異なると説明しましたが、同じハモグリバエの種でも発育ステージが異なると変わります（表I-6）。したがって、まずは発生しているハモグリバエの種を特定した上で、多発条件であれば、速効的ですべての発育ステージに効果のあるアファーム乳剤、スピノエース顆粒水和剤、ディアナSCなどの農薬を選択して使用します。

(2) 絵描き痕を見つけたら早めに散布

多発後のハモグリバエの防除は、卵、幼虫、蛹および成虫すべての発育ステージが混在するため困難になります。したがって、作物の葉にハモグリバエの絵描き痕や産卵痕を認めたら、早めに防除効果の高い殺虫剤を選択して散布します。

防除効果があまりないと感じられたら、1週間間隔で2～3回防除を行なうとよいでしょう。防除効果の確認の仕方は、本節の(7)でお話しします。

(3) 定植時には粒剤、灌注剤を使う

苗の定植直後にハモグリバエによる加害を受けると、苗が枯れて致命的な被害になるときがあります。このような被害を回避するためには、定植時に粒剤や灌注剤を使用するとよいです。ハモグリバエに対する各種粒剤の殺虫効果は異なりますが（表III-5）、現在、ハモグリバエに対するさまざまな粒剤や灌注剤が作物ごとに農薬登録されています。

これらの殺虫剤は、ハモグリバエ以外のアザミウマ類、コナジラミ類、アブラムシ類などに対しても防除効果が期待できます。また、防除効果は2週間から1か月間程度は持続しますの

表Ⅲ-5　3種ハモグリバエに対する各種粒剤の防除効果（徳丸，2005を一部改変）

農薬名	処理量	トマトハモグリバエ		マメハモグリバエ		ナスハモグリバエ	
		卵	幼虫	卵	幼虫	卵	幼虫
有機リン剤							
オルトラン	2g/株	×	◎	×	○	◎	◎
カーバメート剤							
オンコル	1g/株	○	×	×	×	◎	◎
ネライストキシン剤							
パダン	1g/株	◎	◎	◎	◎	○	◎
ネオニコチノイド剤							
ダントツ	2g/株	◎	×	◎	△	◎	◎
スタークル（アルバリン）	2g/株	◎	○	◎	◎	◎	◎
アクタラ	2g/株	◎	◎	◎	◎	◎	◎
ベストガード	2g/株	◎	○	◎	△	◎	○
その他							
チェス	1g/株	×	×	×	×	×	×

注　◎：死虫率が90％以上，○：70～89％，△：50～69％，×：49％以下

表Ⅲ-6　ハモグリバエの寄生蜂に影響の少ない殺虫剤

アカリタッチ、アタブロン、アプロード、アプロードエース、ウララDF、オレート、カーラ、カスケード、カネマイト、サンクリスタル、サンマイト、チェス、テデオン、デミリン、トリガード、トルネードエース、ニッソラン、ネマトリンエース（粒）、粘着くん、ノーモルト、バロック、ハッパ、BT剤、プレオ、プレバソン、フェニックス、マイコタール、マイトコーネ、マッチ、マトリック、モスピラン（水）、モレスタン、ラノー

注　日本生物防除協議会の天敵等に対する農薬の影響目安の一覧表（2017年12月第26版）を参考に作成

で、これらの害虫に対する防除も考えた上で、定植直後のハモグリバエの発生を抑えましょう。

(4) 同じ系統の剤は続けて使わない

わが国に発生している6種ハモグリバエのうち、マメハモグリバエ、トマトハモグリバエ、アシグロハモグリバエおよびナモグリバエは、世界各地で殺虫剤抵抗性の発達が確認されており、マメハモグリバエとナモグリバエについては、わが国においても一部殺虫剤の効果の低下が報告されています。殺虫剤抵抗性の発達を防ぐためには、同じ殺虫剤を連用することはやめましょう。

たとえば、前述の速効的ですべての発育ステージに効果のあるスピノエース顆粒水和剤とディアナSCは、種類（商品名）が異なっても、同じ系統（I

RACコードが同じ）の殺虫剤です。同じ系統の殺虫剤の連用は、同じ殺虫剤を用いているのと同じことになりますので、別の系統の殺虫剤をうまく組み合わせて防除するようにしましょう（巻末の農薬表参照）。

(5) 土着天敵を温存できる農薬はこれ！

ハモグリバエに対して農薬を使って防除する際に注意したいことは、ハモグリバエの天敵昆虫である土着の寄生蜂に対して影響のない殺虫剤を選択することです。これまでに確認されている、ハモグリバエに対して有効で、なおかつ寄生蜂に対して影響の少ない殺虫剤を表Ⅲ-6に示します。

ハモグリバエの有望な土着天敵である寄生蜂は、自然界に多く生息し、ハモグリバエの密度を抑えるのに有効に働いています。寄生蜂を温存して、農薬と寄生蜂の力の合わせ技で、ハモグリバエの発生密度をコントロールするよう心掛けましょう。

(6) ダゾメット剤で土壌病害と同時防除

ハモグリバエが越冬している時期に防除する方法もあります。6種ハモグリバエのうち、ネギハモグリバエは土中で蛹の状態で越冬すると言われています。そこで、冬期にダゾメット剤で土壌消毒することにより、土中の蛹を死滅させ、翌春以降のネギハモグリバエの発生を抑えられることが確認されています（図Ⅲ-5）。

ダゾメット剤は、ネギの黒腐菌核病、萎凋病などの病気や、ネコブセンチュウ、一年生雑草に対する防除効果も期待できますので、これらの病害虫や雑草に対する同時防除としても有効です。

(7) 食害痕の長さ、粘着板で効果を判定

防除効果については、まず畑内に黄色粘着板を設置し、誘殺されるハモグリバエの成虫数の変化から確認します。誘殺虫数の増加が見られなくなれば、防除が成功したと言えます。

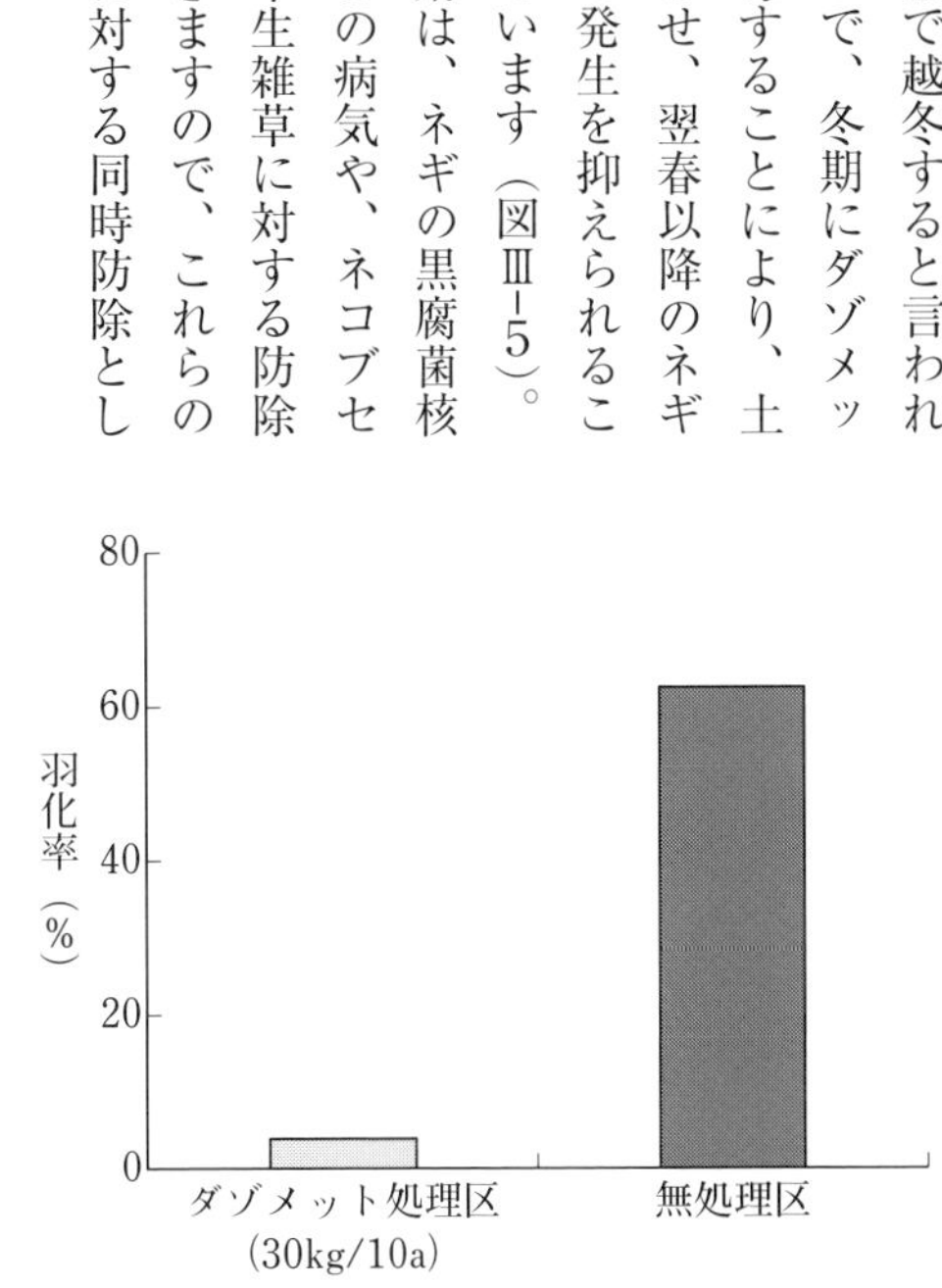

図Ⅲ-5　ダゾメット剤の防除効果
（神川・井村，2014を一部改変）

農薬散布の効果については、植物上の潜行（食害痕）の長さを観察します。潜行の長さが１cm未満の葉や、潜行がない葉をあらかじめマジックインキなどでマークし、農薬を散布した２～５日後に潜行の長さが変わらなかったときや新たな潜行が見つからなかったときには、防除が成功したと言えます。しかし、潜行が長くなったときや、葉に新たな潜行を認めたときには、農薬の効果が低かったと判断します。

(8) もし農薬が効かないときは？

もし、ここで紹介した防除法に取り組んでも、うまくいかなかったときはどうしましょうか？

うまくいかない原因には、①畑周辺もしくは畑内にハモグリバエのエサとなる別の植物が栽培されている、②農薬が葉裏までちゃんとかかっていない、③ハモグリバエに対する殺虫剤の効果が低下している（抵抗性の獲得）、④新種の発生（アシグロハモグリバエ？）の４つが考えられます。

①と②は再度現場を確認することで改善できますが、③か④の可能性があれば、各都道府県の農業試験研究機関か病害虫防除所に相談されるとよいでしょう。

4. 天敵寄生蜂の力を引き出す

(1) 天敵資材を使いこなす

最後に紹介する防除技術は、天敵昆虫を使った防除です。ハモグリバエの幼虫に対しては、多種類の土着寄生蜂の幼虫が寄生し、ハモグリバエの幼虫を殺します。また、寄生蜂の中には、ハモグリバエの幼虫に産卵、寄生するだけでなく、蜂の成虫がハモグリバエの幼虫の体液を吸って殺す（ホストフィーディングと呼びます）種もいます。

多くの寄生蜂の中で、ハモグリミドリヒメコバチ（商品名：ミドリヒメ、写真Ⅲ－11）とイサエアヒメコバチ（商品名：ヒメトップ、写真Ⅲ－12）は、すでに商品化されています。両種ともに施設栽培のトマト、キュウリなどでは、ハモグリバエの潜行痕を見つけたら放飼します。寄生蜂の入った容器を開封し、作物の株元に静置して放飼します（ミドリヒメは10ａあたり１００頭、ヒメトップは10ａあたり２００～８００頭）。放飼は１回だけでなく、

1週間間隔で3～4回放飼することで、施設内に寄生蜂が定着し、ハモグリバエの発生密度を長期間抑制することができます（図Ⅲ-6、図Ⅲ-7）。

これらの寄生蜂を放飼した畑では、寄生蜂に影響のある農薬の使用は控えます。ほかに発生する害虫に対して防除を行なう際にも、寄生蜂に影響の少ない農薬を選択する必要があります。

これまでに紹介した黄色粘着フィルム、紫外線カットフィルムを併せて用いると、さらに防除効果を安定させることができます。

写真Ⅲ-11　ハモグリミドリヒメコバチ
（体長約1～2㎜）

写真Ⅲ-12　イサエアヒメコバチ
（体長約1～2㎜）（写真提供：小澤朗人）

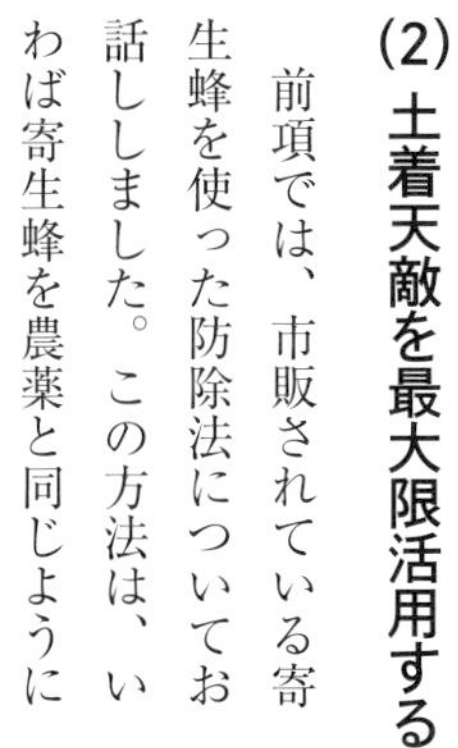

(2) 土着天敵を最大限活用する

前項では、市販されている寄生蜂を使った防除法についてお話ししました。この方法は、いわば寄生蜂を農薬と同じように購入して使用する方法です。しかし、ちょっと一工夫することで、寄生蜂を購入せずに土着の寄生蜂を最大限活用して防除することもできます。

エンドウの葉を加害するナモグリバ

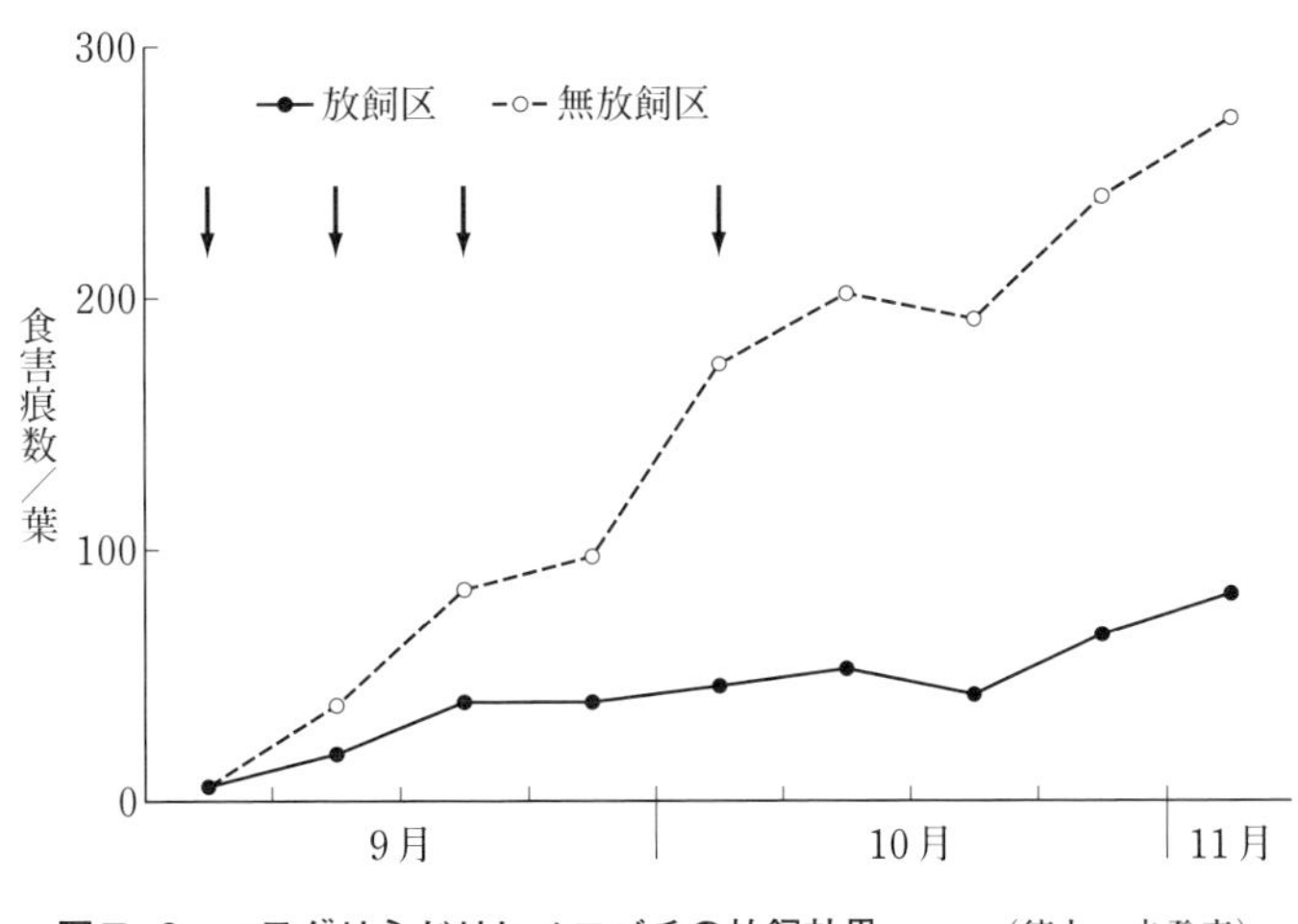

図Ⅲ-6　ハモグリミドリヒメコバチの放飼効果　（徳丸，未発表）
注　↓：寄生蜂放飼

エは、エンドウ、アブラナ科野菜の葉を加害しますが、トマトなどの果菜類の葉はほとんど加害しません。一方、ナモグリバエの幼虫にも多種類の寄生蜂が寄生し、その寄生蜂はトマトなどの果菜類を加害するトマトハモグリバエ、マメハモグリバエなどにも寄生します。そこで、寄生蜂が寄生したナモグリバエに加害されたエンドウの葉（写真Ⅲ-13）を施設トマトへ持ち込み、トマトに発生するハモグリバエの防除に使う方法があります。

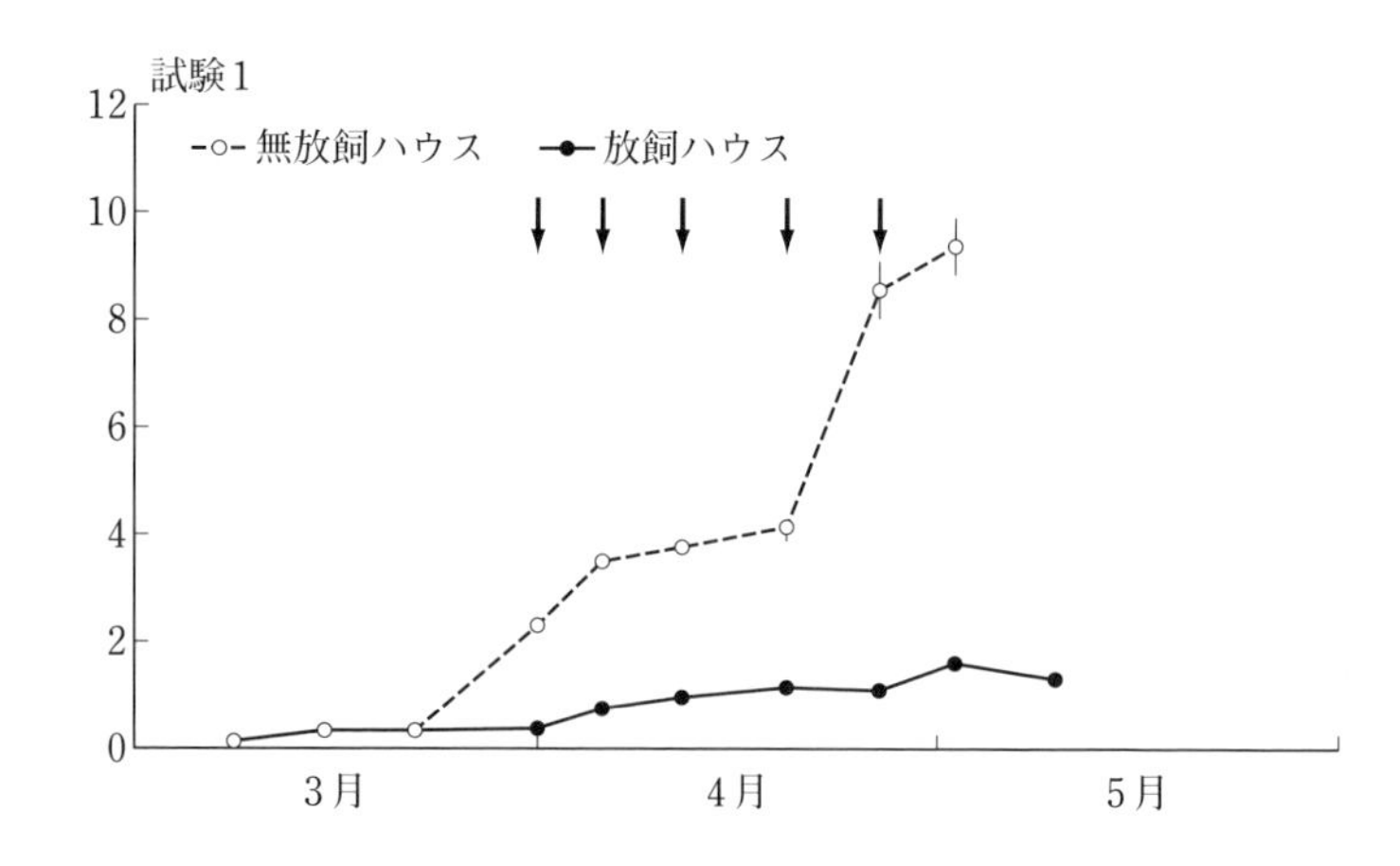

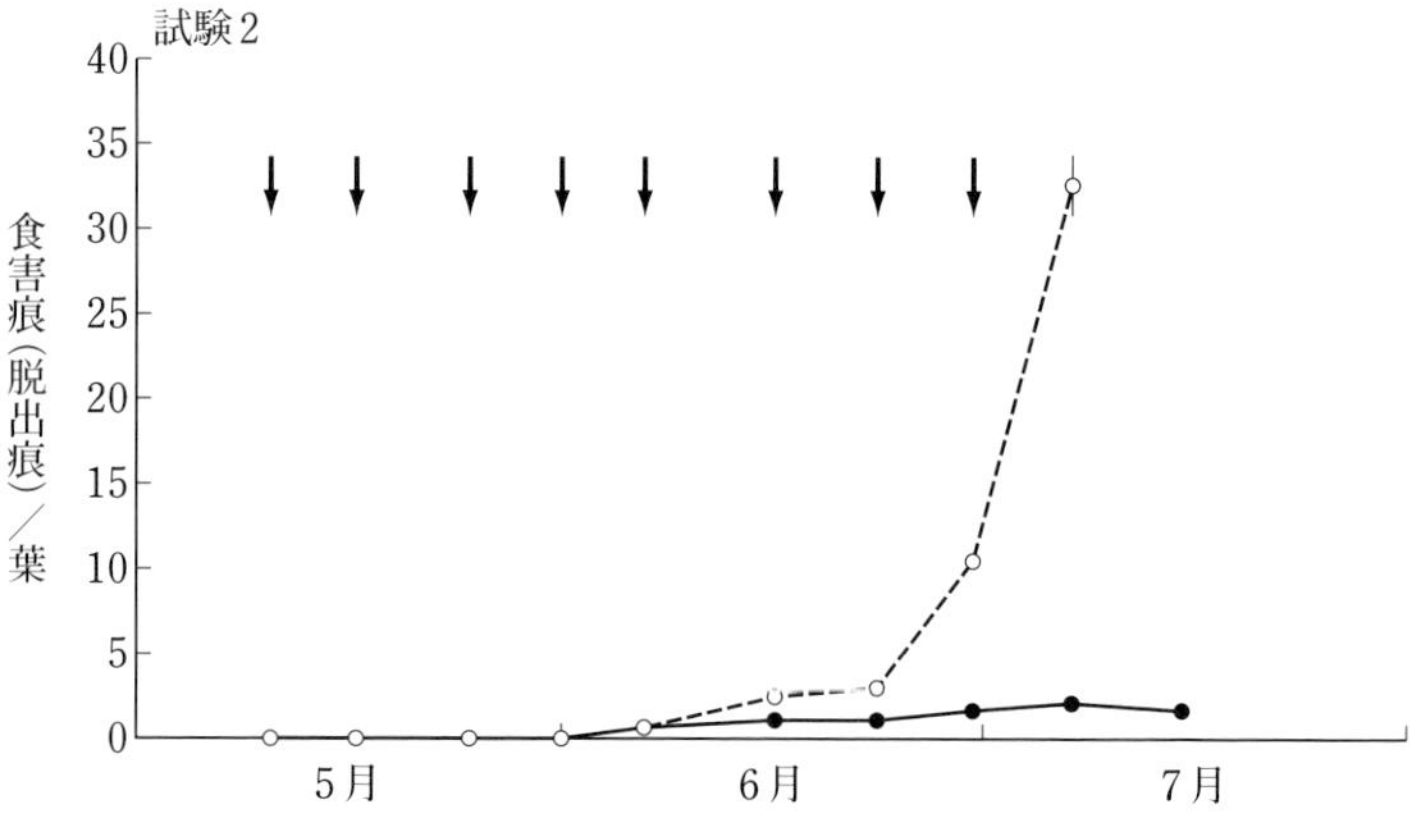

図Ⅲ-7　イサエアヒメコバチの放飼効果　（小澤ら，1999を一部改変）
注　↓：寄生蜂放飼

　エンドウの葉50枚あたりでナモグリバエ幼虫に寄生した寄生蜂は200〜250頭発生します（大野、未発表）。これは天敵資材の寄生蜂の10aあたりの使用量に匹敵します。トマトの葉にハモグリバエの潜行痕を見つけたら、エンドウの葉をトマトの株間に目合い0・8㎜以下のネットに入れて置くようにします（10aあたりエンドウの葉50枚以上を目標に）。この方法であれば、エンドウの葉からナモグリバエが発生してもトマトの葉を加害することはありませんので、安心してエンドウの葉をトマトの畑に持ち込むことができます。

　また、トマトやキュウリの芽や葉を取り除く作業のときに、寄生蜂に寄生

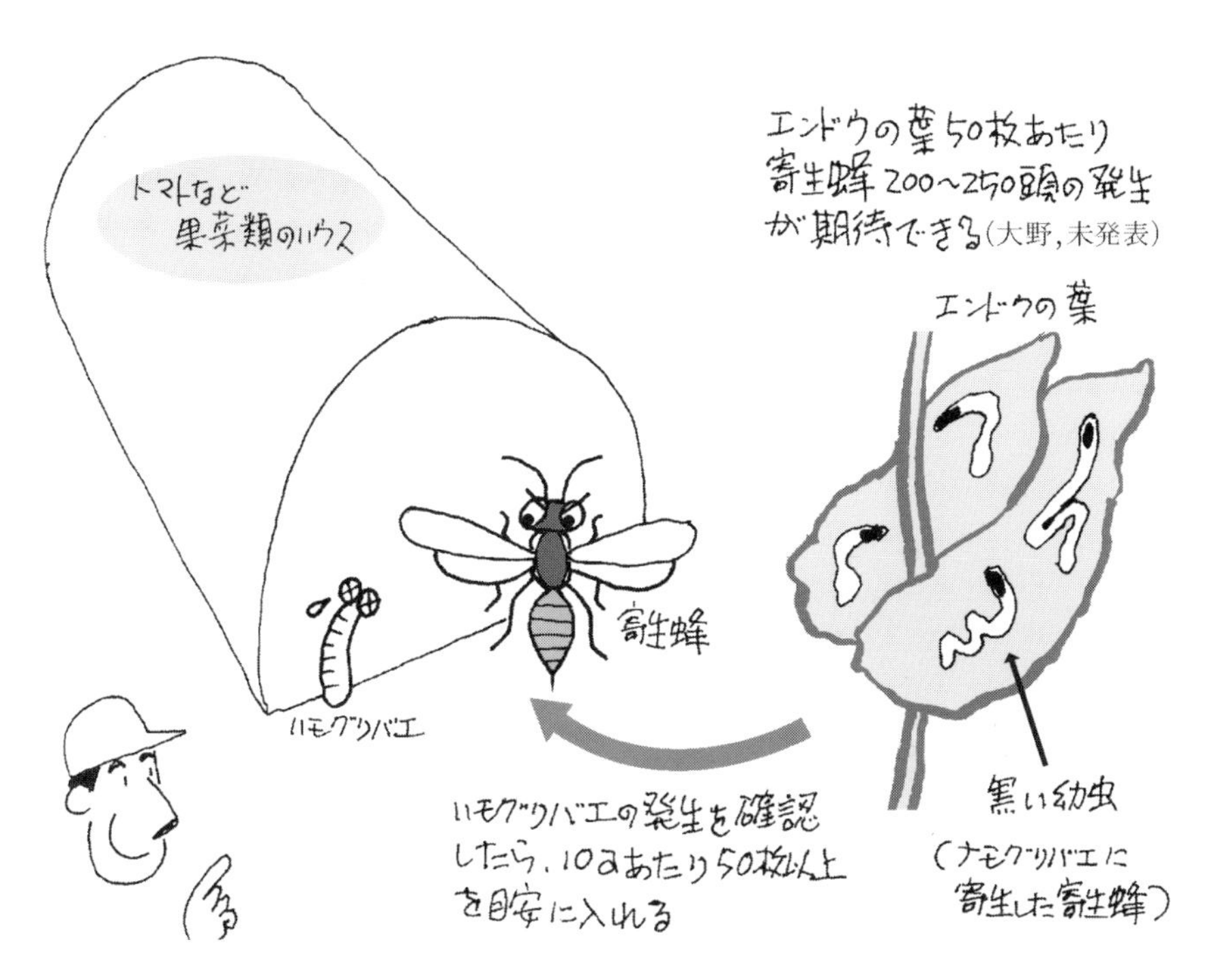

された幼虫の絵描き痕（褐色～黒色、写真Ⅲ－14）が多く見られたときには、その葉を施設内に約2週間残し、寄生蜂を羽化、定着させる方法があります。

以上は、ハモグリバエに対する土着の寄生蜂を最大限活用した防除方法であり、環境にやさしいのはもちろん、労働コストも少なく、何よりもプライスレスであることが一番のメリットと言えます。

(3) 天敵活用がうまくいかないときは？

天敵寄生蜂を活用したハモグリバエの防除がうまくいかないときは、①天敵寄生蜂に影響のある農薬（有機リン剤、合成ピレスロイド剤など）を散布

写真Ⅲ－13　エンドウの絵描き痕と寄生蜂に寄生された幼虫

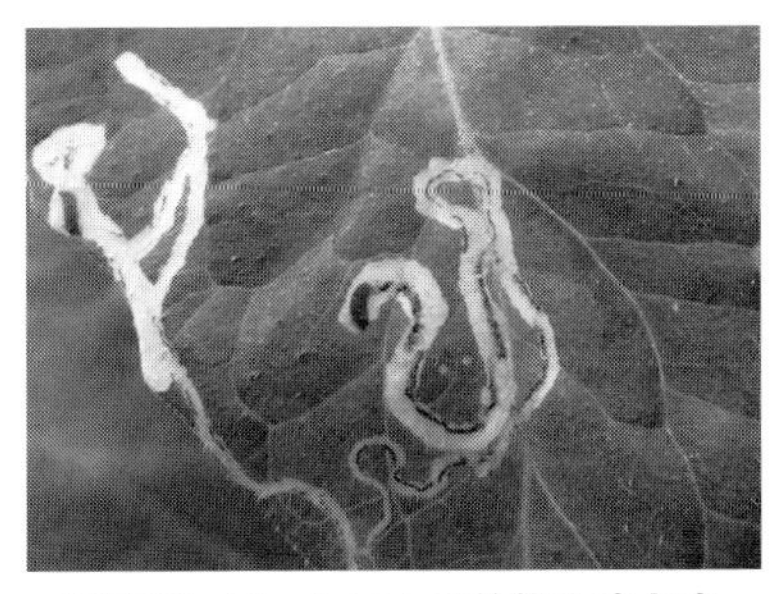
写真Ⅲ－14　トマトの絵描き痕と寄生蜂に寄生された幼虫

した、②天敵寄生蜂を放飼するタイミングが遅すぎた、③天敵寄生蜂を放飼する回数（量）が少なすぎた、④畑周辺もしくは畑内にハモグリバエのエサとなる別の植物が栽培されている、の4つの原因について確認してみましょう。

生産現場でハモグリバエが多発する原因の大半は①によるものです。極端な話、ハモグリバエは、天敵に影響の少ない農薬と土着の寄生蜂を活用していれば、多発する害虫ではありません。

コラム

未来の防除技術は「青い光」

科学技術は日進月歩と言うように、ハモグリバエの防除技術も日進月歩です。まだ実用段階ではありませんが、ここでは少しだけハモグリバエに対する防除技術の最前線についてお話しします。

写真Ⅲ−15　青色LEDの青い光には殺虫効果がある

青色LEDの開発がノーベル物理学賞に輝いたことは記憶に新しいと思いますが、その青い光が今度はハモグリバエの防除に使える可能性が出てきています。波長400〜500㎚の青色の光（写真Ⅲ−15）をハモグリバエの蛹に当てると、蛹を死亡させることができます。さらに、殺虫効果は蛹だけでなく、卵や成虫に対しても確認されています。（堀、2018）

なぜ青色光をハモグリバエの卵、蛹および成虫に当てると死亡するのかなど、そのメカニズムは不明ですが、近い将来、青色光を使ったハモグリバエ防除技術が開発されるかもしれません。

Ⅳ 品目別 防除マニュアル

表Ⅳ-1　品目別6種ハモグリバエ発生頻度

作物名	トマトハモグリバエ	マメハモグリバエ	ナスハモグリバエ	アシグロハモグリバエ	ネギハモグリバエ	ナモグリバエ
トマト・ミニトマト	◎	◎	○	○	—	—
キュウリ	◎	△	△	○	—	△
メロン	○	○	○	—	—	△
ナス	◎	◎	△	—	—	△
ネギ	—	△	△	○	◎	△
ワケギ	—	—	—	—	○	—
タマネギ	—	△	△	○	○	—
ニラ	—	—	—	—	○	—
ラッキョウ	—	—	—	—	○	—
レタス	—	—	—	△	—	◎
ハクサイ	△	△	△	△	—	○
ダイコン	△	△	△	△	—	○
カブ	△	△	△	△	—	○
コマツナ	○	○	△	—	—	○
チンゲンサイ	—	◎	—	—	—	—
シュンギク	○	○	△	—	—	△
ホウレンソウ	—	△	—	○	—	—
テンサイ	—	—	—	○	—	—
インゲンマメ	◎	◎	△	△	—	○
エンドウ	△	△	△	△	—	◎
キク	○	◎	—	△	—	△
ガーベラ	△	○	—	—	—	—

注　◎：必ず発生する，○：よく発生する，
△：あまり発生しない，—：発生しないまたは未記録

トマト・ミニトマト

発生種…トマトハモグリバエ（◎）、マメハモグリバエ（◎）、ナスハモグリバエ（○）、アシグロハモグリバエ（○…地域限定）

◆診断のポイント

下のほうの葉の表面を観察し、小さな白い斑点もしくは白い筋状の潜行痕を探します。潜行痕が見つかったときは、口絵の「簡易識別フローチャート」に従い、潜行痕の形状や葉裏における蛹の有無により、発生種を絞り込みます。また施設栽培では、施設の開口部の付近に黄色粘着板を数枚設置し、成虫の誘殺を観察します。

◆防除の実際

【施設栽培】

圃場管理

前作ではハモグリバエが発生する作物を栽培せず、同じ施設内でキュウリやインゲンマメなどのハモグリバエが発生する作物を栽培しないようにします。促成および抑制栽培では、トマトの苗を定植する直前に、施設内の雑草を取り除き、施設の開口部をすべて閉めきり、高温にすることで施設内に残ったハモグリバエを死滅させます。半促成栽培では、定植前の12～1月の間に、前作の残渣や雑草を完全に取り除いて、成虫を施設内に封じ込めて餓死させるか、施設の開口部を全開にして、寒気にさらすことで成虫を数日で死滅させます。

また、近隣の圃場や家庭菜園でトマトなどハモグリバエの発生する植物が植えられていると、そこが発生源になります。発生源が近くにある場合には、そこから成虫が侵入しないように、開口部に目合い0・8㎜以下の防虫ネットを展張します。

播種時・定植時

自家育苗をするときは、育苗施設の開口部に目合い0・8㎜以下の防虫ネットを展張します。苗床に防虫ネットをトンネル被覆してもよいです。育苗期後半～定植時には、巻末の農薬表に示す灌注剤または粒剤を処理します。なお、育苗は苗を定植する施設とは別の施設で行なうとよいでしょう。

一方、購入苗を用いるときは、苗の葉に産卵痕（白い斑点）や潜行痕（白い筋、黄色の幼虫）が付いていないか肉眼で観察し、発見したときは葉を手で取り除くか、巻末の農薬表に示した殺虫剤を速やかに散布します。

定植後は、施設内に黄色粘着フィルムや大量の黄色粘着板を設置し、成虫を誘殺します。黄色粘着フィルムは横

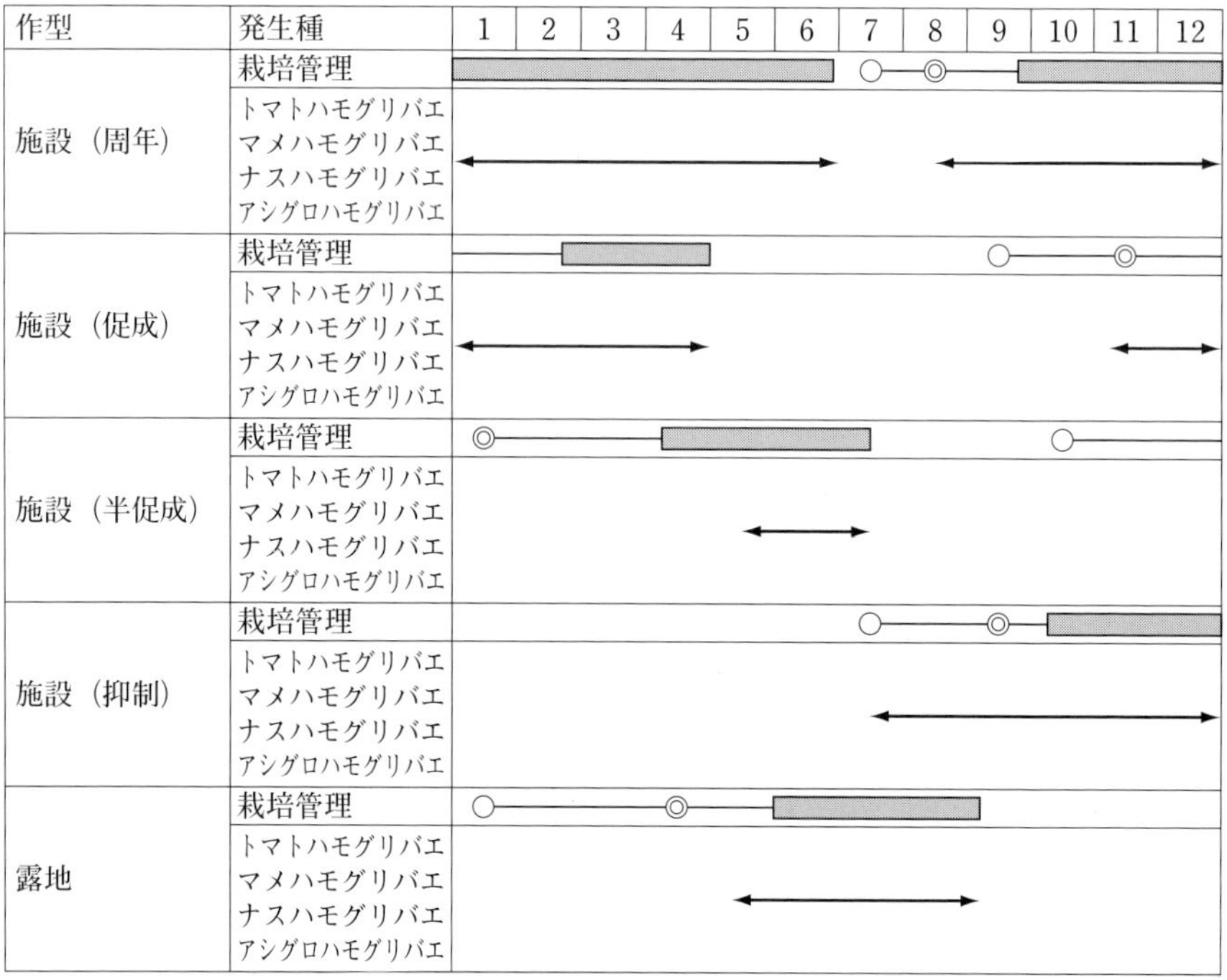

作型	発生種	1	2	3	4	5	6	7	8	9	10	11	12
施設（周年）	栽培管理												
	トマトハモグリバエ マメハモグリバエ ナスハモグリバエ アシグロハモグリバエ												
施設（促成）	栽培管理												
	トマトハモグリバエ マメハモグリバエ ナスハモグリバエ アシグロハモグリバエ												
施設（半促成）	栽培管理												
	トマトハモグリバエ マメハモグリバエ ナスハモグリバエ アシグロハモグリバエ												
施設（抑制）	栽培管理												
	トマトハモグリバエ マメハモグリバエ ナスハモグリバエ アシグロハモグリバエ												
露地	栽培管理												
	トマトハモグリバエ マメハモグリバエ ナスハモグリバエ アシグロハモグリバエ												

図Ⅳ−1　トマト・ミニトマトにおけるハモグリバエの加害時期

注　○：播種，◎：定植，▒：収穫

向き（地面と水平）に展張すると誘殺効率が高くなります。うね面にはマルチを行ない、土中で蛹になるのを防ぎます。

生育初期

苗の葉に産卵痕や潜行痕がないか観察します。また、施設内に設置した黄色粘着板に成虫が誘殺されていないかについても確認します。いずれかで発生を確認したときは、巻末の農薬表に示す殺虫剤を速やかに散布します。潜行痕に褐色～黒色の幼虫を確認した場合には、土着の寄生蜂が働いているサインですので、天敵に影響のない殺虫剤を使用します。ミドリヒメなどの生物農薬を使用する場合には、7日間隔で3～4回放飼します。

生育～収穫時

下葉を中心に産卵痕および潜行痕の有無、ならびに施設内に設置した黄色粘着板への成虫の誘殺の有無について確認します。発生を確認したときには、巻末の農薬表に示す殺虫剤を速やかに散布します。もし、一葉あたり複数の潜行痕の発生を認めたときには、7日間隔で2～3回散布します。

また、潜行痕に褐色～黒色の土着寄生蜂の幼虫を確認したときには、天敵に影響のない殺虫剤を使用します。潜行痕のほとんどが土着寄生蜂の幼虫であれば、殺虫剤の散布は控えて、土着寄生蜂の働きを活用します。生物農薬を使用する場合には、7日間隔で3～4回放飼します。摘葉残渣は、発生源となるので圃場外に持ち出し、ビニルフィルムを1枚かけて太陽熱消毒を行ない処分します。

防除効果については、黄色粘着板への誘殺数の変化と、葉の潜行痕の長さの変化で確認します。

収穫終了後

半促成、促成および周年栽培では、収穫終了後に施設内の雑草および残渣を取り除き、施設の開口部をすべて閉めきり、高温にすることで施設内に残ったハモグリバエを死滅させます。また、取り除いた残渣の上には、ビニルフィルムを1枚かけて太陽熱消毒を行ない、残渣中の幼虫を死滅させます。

抑制栽培では、収穫終了後の1～2月の間に、雑草や残渣を完全に取り除き、成虫を施設内に封じ込めて餓死させるか、施設の開口部を全開にして、寒気にさらすことで成虫を死滅させます。

初発時

下葉を中心に産卵痕や潜行痕が現われるので、下葉を重点的に観察します。また、施設内に設置した黄色粘着板への成虫の誘殺の有無についても確認します。発生を確認したときは、巻末の農薬表に示す殺虫剤か生物農薬を使用します。育苗期に発生を確認したときは、その多少にかかわらず殺虫剤を散布します。

潜行痕に褐色～黒色の土着寄生蜂の幼虫を確認したときには、天敵に影響の少ない殺虫剤を散布します。潜行痕のほとんどが土着寄生蜂の幼虫であれば、殺虫剤の散布は控えて、土着寄生蜂の働きを活用します。ミドリヒメなどの生物農薬を使用する場合には、7日間隔で3～4回放飼します。生物農薬は、ハモグリバエが多発してからでは効果が弱いため、初発時に使用します。

多発時

幼虫の発生部位は下葉から中位葉まで達し、成虫を葉上で見られるようになります。黄色粘着板へ誘殺される成虫数は、急激に増加します。このような発生状況の場合には、巻末の農薬表に示す殺虫剤のうち、速効的なアファーム乳剤、スピノエース顆粒水和剤、ディアナSCなどを、7日間隔で2～3回連続で散布します。

生物農薬を使用する場合には、いったん、殺虫剤を用いてハモグリバエ発生密度を低下させてから使用します。摘葉残渣は必ず施設外へ持ち出し、ビニルフィルムを1枚かけて太陽熱消毒を行ない、残渣中の幼虫を死滅させます。

激発時

幼虫の発生部位は下葉から上位葉まで達し、下葉は枯れ上がることがあります。成虫は葉上で頻繁に見られるようになります。苗の段階で激発状態になると、苗が枯死することがあります。黄色粘着板への誘殺成虫数は多くなります。激発時には巻末の農薬表に示す殺虫剤のうち、速効的なアファーム乳剤、スピノエース顆粒水和剤、ディアナSCなどを、7日間隔で2～3回連続で散布します。摘葉残渣は必ず施設外へ持ち出し、ビニルフィルムを1枚かけて太陽熱消毒を行ない、残渣中の幼虫を死滅させます。

収穫終了後は、次作や周辺作物への被害を防ぐために、半促成、促成および周年栽培では、施設の開口部をすべて閉めきり、太陽熱消毒を行ないます。ハモグリバエが多発した残渣の上にビニルフィルムを1枚かけて太陽熱消毒を行ない、残渣中の幼虫を死滅させます。抑制栽培では、成虫を施設内に封じ込めて餓死させるか、施設の開口部を全開にして寒気にさらすことで成虫を死滅させます。

【露地栽培】

圃場管理

前作ではハモグリバエが発生する作物を栽培せず、隣接地ではできる限りキュウリやナスなどのハモグリバエが発生する作物を栽培しないようにします。雑草は発生源になるので、定植前に圃場周辺を含めて除草を徹底します。

播種時・定植時

自家育苗をするときは、育苗施設の開口部に目合い0・8㎜以下の防虫ネットを展張します。購入苗を用いるときは、苗にハモグリバエが発生していないか確認します。うね面にはマルチを行ない、土中で蛹になるのを防ぎます（【施設栽培】を参照）。

生育初期

苗の葉に産卵痕や潜行痕がないか観察し、発生を確認したときは、巻末の農薬表に示す殺虫剤を速やかに散布します。潜行痕に褐色～黒色の土着寄生蜂の幼虫を確認した場合には、天敵に影響の少ない殺虫剤を使用します。

生育～収穫時

下葉を中心に産卵痕および潜行痕の有無を確認します。発生を確認したときには、巻末の農薬表に示す殺虫剤を速やかに散布します。一葉あたり複数の潜行痕の発生を認めたときには、7日間隔で2～3回散布します。

一方、潜行痕に褐色～黒色の土着寄生蜂の幼虫を確認したときには、天敵に影響の少ない殺虫剤を使用します。潜行痕のほとんどが土着寄生蜂の幼虫であれば、殺虫剤の散布は控えて、土着寄生蜂の働きを活用します。

防除効果については、葉の潜行痕の長さの変化で確認します。摘葉残渣は、発生源となるので圃場外に持ち出し、ビニルフィルムを1枚かけて、太陽熱消毒を行ない処分します。

収穫終了後

収穫終了後に雑草および残渣を圃場外に持ち出して処分します。残渣の上には、ビニルフィルムを1枚かけて太陽熱消毒を行ない、残渣中の幼虫を死滅させます。

キュウリ・メロン

発生種…トマトハモグリバエ（◎）、マメハモグリバエ（○）、ナスハモグリバエ（○）、ナモグリバエ（△）、アシグロハモグリバエ（○…地域限定）

◆診断のポイント

下のほうの葉の表面を観察し、小さな白い斑点もしくは白い筋状の潜行痕を探します。潜行痕が見つかったときは、口絵の「簡易識別フローチャート」に従い、潜行痕の形状や葉裏における蛹の有無により発生種を絞り込みます。また施設栽培では、施設の開口部の付近に黄色粘着板を数枚設置し、成虫の誘殺を観察します。

キュウリでは、5～7月までナモグリバエが発生することがありますが、キュウリで本種が多発することはほとんどありませんので、発生種がナモグリバエのときは防除を行なう必要はありません。

◆防除の実際

【施設栽培】

圃場管理

前作ではハモグリバエが発生する作物を栽培せず、同じ施設内でトマト、インゲンマメなどのハモグリバエが発生する作物を栽培しないようにします。促成および抑制栽培では、キュウリの苗を定植する直前に、施設内の雑草を取り除き、施設の開口部をすべて閉めきり、高温にすることで施設内に残ったハモグリバエを死滅させます。半促成栽培では、定植前の12～1月の間に、前作の残渣や雑草を完全に取り除いて、成虫を施設内に封じ込めて餓死させるか、施設の開口部を全開にし

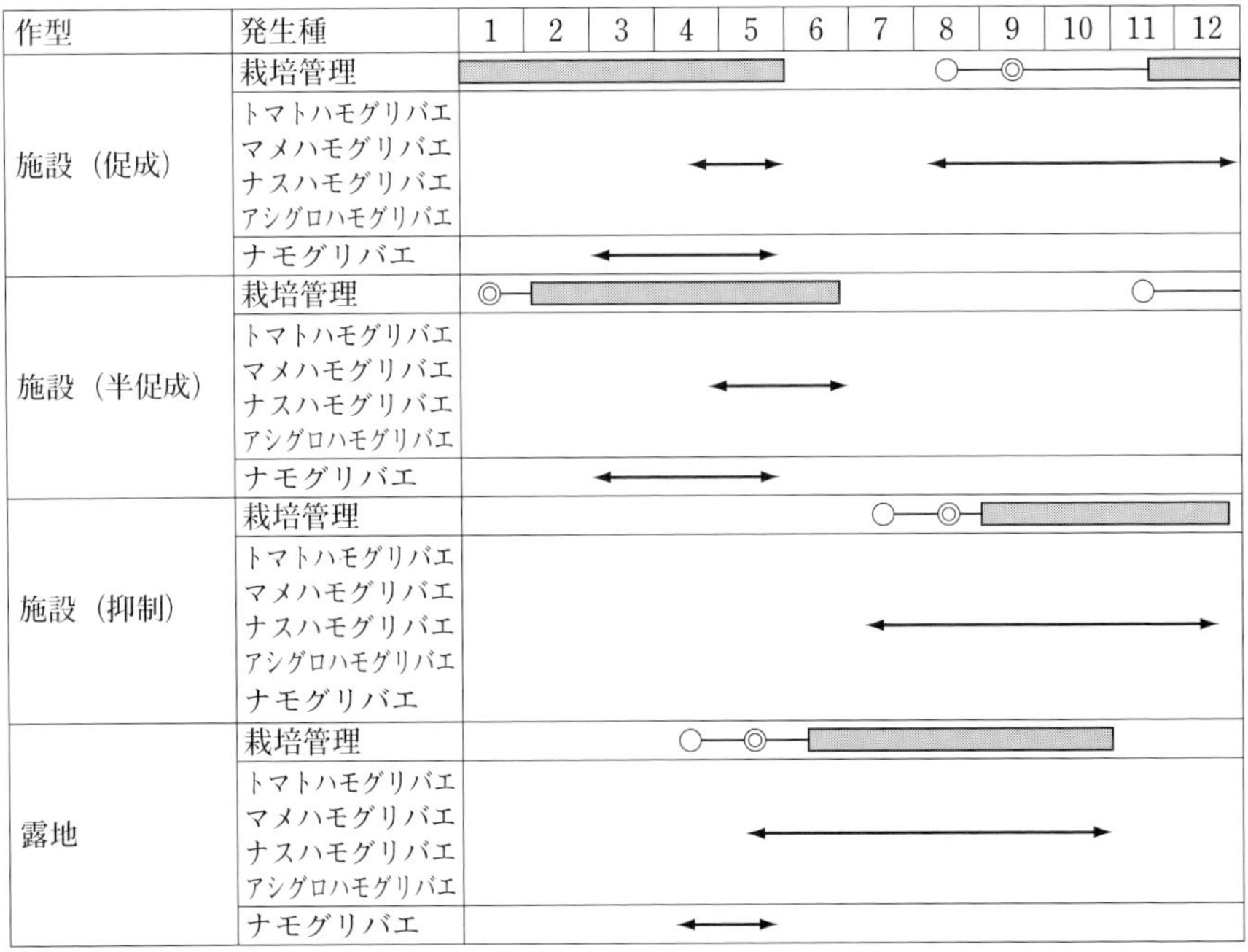

作型	発生種	1	2	3	4	5	6	7	8	9	10	11	12
施設（促成）	栽培管理								○	◎			
	トマトハモグリバエ マメハモグリバエ ナスハモグリバエ アシグロハモグリバエ												
	ナモグリバエ												
施設（半促成）	栽培管理	◎										○	
	トマトハモグリバエ マメハモグリバエ ナスハモグリバエ アシグロハモグリバエ												
	ナモグリバエ												
施設（抑制）	栽培管理							○	◎				
	トマトハモグリバエ マメハモグリバエ ナスハモグリバエ アシグロハモグリバエ ナモグリバエ												
露地	栽培管理				○	◎							
	トマトハモグリバエ マメハモグリバエ ナスハモグリバエ アシグロハモグリバエ												
	ナモグリバエ												

図Ⅳ-2　キュウリにおけるハモグリバエの加害時期

注　○：播種，◎：定植，▭：収穫

て、寒気にさらすことで成虫を数日で死滅させます。

また、近隣の圃場や家庭菜園でトマトなどハモグリバエの発生する植物が植えられていると、そこが発生源になります。発生源が近くにある場合には、そこから成虫が侵入しないように、開口部に目合い0・8㎜以下の防虫ネットを展張します。

播種時・定植時

自家育苗をするときは、育苗施設の開口部に目合い0・8㎜以下の防虫ネットを展張します。苗床に防虫ネットをトンネル被覆してもよいです。育苗期後半～定植時には、巻末の農薬表に示す灌注剤または粒剤を処理します。なお、育苗は苗を定植する施設とは別の施設で行なうとよいでしょう。

一方、購入苗を用いるときは、苗の葉に産卵痕（白い斑点）や潜行痕（白い筋、黄色の幼虫）が付いていないか観察を行ない、発見したときは被害葉を手で取り除くか、巻末の農薬表に示す殺虫剤を速やかに散布します。

定植後は、施設内に黄色粘着フィルムや大量の黄色粘着板を設置し、成虫を誘殺します。黄色粘着フィルムは横向き（地面と水平）に展張すると誘殺効率が高くなります。うね面にはマルチを行ない、土中で蛹になるのを防ぎます。

生育初期

苗の葉に産卵痕や潜行痕がないか観察します。また、施設内に設置した黄色粘着板に成虫が誘殺されていないかについても確認します。いずれかで発生を確認したときは、巻末の農薬表に示す殺虫剤を速やかに散布します。潜行痕に褐色〜黒色の土着寄生蜂の幼虫を確認した場合には、天敵に影響の少ない殺虫剤を使用します。ミドリヒメなどの生物農薬を使用する場合には、7日間隔で3〜4回放飼します。

生育〜収穫時

下葉を中心に産卵痕および潜行痕の有無、ならびに施設内に設置した黄色粘着板への成虫の誘殺の有無について確認します。発生を確認したときには、巻末の農薬表に示す殺虫剤を速やかに散布します。もし、一葉あたり複数の潜行痕の発生を認めたときには、7日間隔で2〜3回散布します。

また、潜行痕に褐色〜黒色の土着寄生蜂の幼虫を確認したときには、天敵に影響のない殺虫剤を使用します。潜行痕のほとんどが土着寄生蜂の幼虫であれば、殺虫剤の散布は控えて、土着寄生蜂の働きを活用します。生物農薬を使用する場合には、7日間隔で3〜4回放飼します。摘葉残渣は発生源となるので圃場外に持ち出し、ビニルフィルムを1枚かけて太陽熱消毒を行ない処分します。

防除効果については、黄色粘着板への誘殺数の変化と、葉の潜行痕の長さの変化で確認します。

収穫終了後

半促成および促成栽培では、収穫終了後に施設内の雑草および残渣を取り除き、施設の開口部をすべて閉めきり、高温にすることで施設内に残ったハモグリバエを死滅させます。また、取り除いた残渣の上には、ビニルフィルムを1枚かけて太陽熱消毒を行ない、残渣中の幼虫を死滅させます。

抑制栽培では、収穫終了後の1〜2月の間に、雑草や残渣を完全に取り除き、成虫を施設内に封じ込めて餓死させるか、施設の開口部を全開にして、寒気にさらすことで成虫を死滅させます。

初発時

下葉を中心に産卵痕や潜行痕が現われるので、下葉を重点的に観察します。

また、施設内に設置した黄色粘着板への成虫の誘殺の有無についても確認します。発生を確認したときは、巻末の農薬表に示す殺虫剤か生物農薬を使用します。育苗期に発生を確認したときは、その多少にかかわらず殺虫剤を散布します。

潜行痕に褐色〜黒色の土着寄生蜂の幼虫を確認したときには、天敵に影響の少ない殺虫剤を散布します。潜行痕のほとんどが土着寄生蜂の幼虫であれば、殺虫剤の散布は控えて、土着寄生蜂の働きを活用します。ミドリヒメなどの生物農薬を使用する場合には、７日間隔で３〜４回放飼します。生物農薬は、ハモグリバエが多発してから使用しても効果が弱いため、初発時に使用します。

多発時

幼虫の発生部位は下葉から中および上位葉まで達し、成虫を葉上で見られるようになります。黄色粘着板へ誘殺される成虫数は、急激に増加します。このような発生状況の場合には、巻末の農薬表に示す殺虫剤のうち、速効的なアファーム乳剤、スピノエース顆粒水和剤、ディアナＳＣなどを、７日間隔で２〜３回連続で散布します。

生物農薬を使用する場合には、いったん、速効的な殺虫剤を用いてハモグリバエの発生密度を低下させてから使用します。摘葉残渣は必ず施設外へ持ち出し、ビニルフィルムを１枚かけて太陽熱消毒を行ない、残渣中の幼虫を死滅させます。

激発時

幼虫の発生部位は下葉から上位葉まで拡がり、下葉は枯れ上がることがあります。成虫は葉上で頻繁に見られるようになります。苗の段階で激発状態になると苗が枯死することがあります。黄色粘着板への誘殺成虫数は多くなります。激発時には巻末の農薬表に示す殺虫剤のうち、速効的なアファーム乳剤、スピノエース顆粒水和剤、ディアナＳＣなどを、７日間隔で２〜３回連続で散布します。摘葉残渣は必ず施設外へ持ち出し、ビニルフィルムを１枚かけて太陽熱消毒を行ない、残渣中の幼虫を死滅させます。

収穫終了後は、次作や周辺作物への被害を防ぐために、半促成および促成栽培では、施設の開口部をすべて閉めきり太陽熱消毒を行ないます。ハモグリバエが多発した残渣の上に、ビニルフィルムを１枚かけて太陽熱消毒を行ない、残渣中の幼虫を死滅させます。抑制栽培では、成虫を施設内に封じ込めて餓死させるか、施設の開口部を全開にして、寒気にさらすことで成虫を死滅させます。

【露地栽培】

圃場管理

前作ではハモグリバエが発生する作物を栽培せず、隣接地ではできる限りトマトやインゲンマメなどのハモグリバエが発生する作物を栽培しないようにします。雑草は発生源になるので、定植前に圃場周辺を含めて除草を徹底します。

播種時・定植時

自家育苗をするときは、育苗施設の開口部に目合い0・8㎜以下の防虫ネットを展張します。購入苗を用いるときは、苗にハモグリバエが発生していないか確認します。うね面にはマルチを行ない、土中で蛹になるのを防ぎます（【施設栽培】を参照）。

生育初期

苗の葉に産卵痕や潜行痕がないか観察し、発生を確認したときは、巻末の農薬表に示す殺虫剤を速やかに散布します。潜行痕に褐色～黒色の土着寄生蜂の幼虫を確認した場合には、天敵に影響の少ない殺虫剤を使用します。

生育～収穫時

下葉を中心に産卵痕および潜行痕の有無を確認します。発生を確認したときには、巻末の農薬表に示す殺虫剤を速やかに散布します。一葉あたり複数の潜行痕の発生を認めたときには、7日間隔で2～3回散布します。

一方、潜行痕に褐色～黒色の土着寄生蜂の幼虫を確認したときには、天敵に影響の少ない殺虫剤を使用します。潜行痕のほとんどが土着寄生蜂の幼虫であれば、殺虫剤の散布は控えて、土着寄生蜂の働きを活用します。

防除効果については、葉の潜行痕の長さの変化で確認します。摘葉残渣は発生源となるので圃場外に持ち出し、ビニルフィルムを1枚かけて太陽熱消毒を行ない処分します。

収穫終了後

収穫終了後に雑草および残渣を圃場外に持ち出して処分します。残渣の上には、ビニルフィルムを1枚かけて太陽熱消毒を行ない、残渣中の幼虫を死滅させます。

ナス

発生種：トマトハモグリバエ（◎）、マメハモグリバエ（◎）、ナモグリバエ（△）

◆診断のポイント

下のほうの葉の表面を観察し、小さな白い斑点もしくは白い筋状の潜行痕を探します。潜行痕が見つかったときは、口絵の「簡易識別フローチャート」に従い、潜行痕の形状や葉裏における蛹の有無により、発生種を絞り込みます。また施設栽培では、施設の開口部の付近に黄色粘着板を数枚設置し、成虫の誘殺を観察します。

ナスでは、5～7月までナモグリバエが発生することがありますが、ナスで本種が多発することはほとんどありませんので、発生種がナモグリバエのときは防除を行なう必要はありません。

◆防除の実際

【施設栽培】

圃場管理

前作ではハモグリバエが発生する作物を栽培せず、同じ施設内でトマト、インゲンマメなどのハモグリバエが発生する作物を栽培しないようにします。促成栽培では、ナスの苗を定植する直前に、施設内の雑草を取り除き、施設の開口部をすべて閉めきり、高温にすることで施設内に残ったハモグリバエを死滅させます。半促成栽培では、定植前の1～2月の間に、前作の残渣や雑草を完全に取り除いて、成虫を施設内に封じ込めて餓死させるか、施設の開口部を全開にして、寒気にさらす

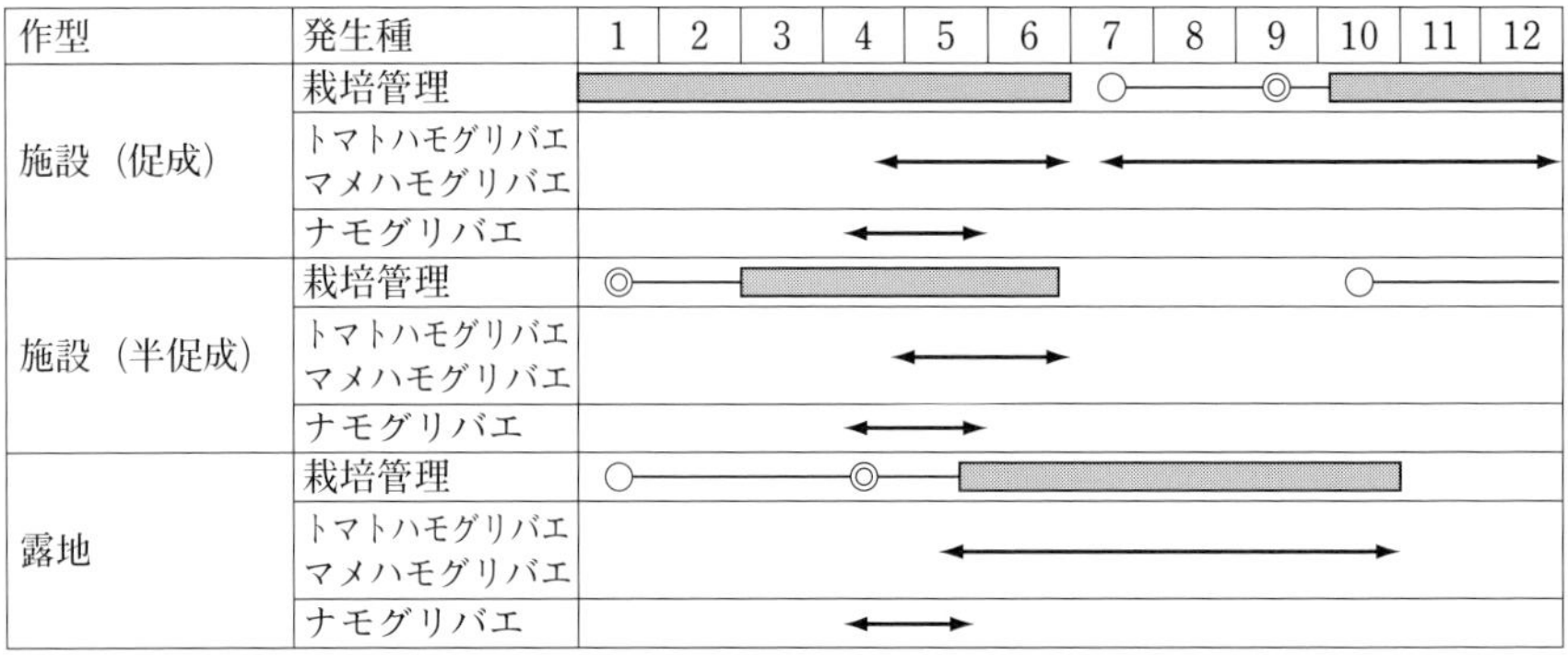

作型	発生種	1	2	3	4	5	6	7	8	9	10	11	12
施設（促成）	栽培管理	■	■	■	■	■	■	○	―	◎	■	■	■
	トマトハモグリバエ マメハモグリバエ				←	―	→	←	―	―	―	―	→
	ナモグリバエ				←	→							
施設（半促成）	栽培管理	◎	―	■	■	■	■				○	―	―
	トマトハモグリバエ マメハモグリバエ					←	→						
	ナモグリバエ				←	→							
露地	栽培管理	○	―	―	◎	■	■	■	■	■	■		
	トマトハモグリバエ マメハモグリバエ					←	―	―	―	―	→		
	ナモグリバエ				←	→							

図Ⅳ-3　ナスにおけるハモグリバエの加害時期

注　○：播種，◎：定植，■：収穫

ことで成虫を数日で死滅させます。

また、近隣の圃場や家庭菜園でトマトなどハモグリバエの発生する植物が植えられていると、そこが発生源になります。発生源が近くにある場合には、そこから成虫が侵入しないように、開口部に目合い0・8㎜以下の防虫ネットを展張します。

播種時・定植時

自家育苗をするときは、育苗施設の開口部に目合い0・8㎜以下の防虫ネットを展張します。苗床に防虫ネットをトンネル被覆してもよいです。育苗期後半~定植時には、巻末の農薬表に示した灌注剤または粒剤を処理します。なお、育苗は苗を定植する施設とは別の施設で行なうとよいでしょう。

一方、購入苗を用いるときは、苗の葉に産卵痕(白い斑点)や潜行痕(白い筋、黄色の幼虫)が付いていないか観察を行ない、発見したときは被害葉を手で取り除くか、巻末の農薬表に示す殺虫剤を速やかに散布します。

定植後は、施設内に黄色粘着板を設置し、成虫を誘殺します。黄色粘着フィルムは横向き(地面と水平)に展張すると誘殺効率が高くなります。うね面にはマルチを行ない、土中で蛹になるのを防ぎます。

生育初期

苗の葉に産卵痕や潜行痕がないか観察します。また、施設内に設置した黄色粘着板に成虫が誘殺されていないかについても確認します。いずれかで発生を確認したときは、巻末の農薬表に示す殺虫剤を速やかに散布します。潜行痕に褐色~黒色の土着寄生蜂の幼虫を確認した場合には、天敵に影響の少ない殺虫剤を使用します。ミドリヒメなどの生物農薬を使用する場合には、7日間隔で3~4回放飼します。

生育~収穫時

下葉を中心に産卵痕および潜行痕の有無、ならびに施設内に設置した黄色粘着板への成虫の誘殺の有無について確認します。発生を確認したときには、巻末の農薬表に示す殺虫剤を速やかに散布します。もし、一葉あたり複数の潜行痕の発生を認めたときには、7日間隔で2~3回散布します。

また、潜行痕に褐色~黒色の土着寄生蜂の幼虫を確認したときには、天敵に影響のない殺虫剤を使用します。潜行痕のほとんどが土着寄生蜂の幼虫であれば、殺虫剤の散布は控えて、土着寄生蜂の働きを活用します。生物農薬を使用する場合には、7日間隔で3~4回放飼します。摘葉残渣は発生源となるので圃場外に持ち出し、ビニルフィルムを1枚かけて太陽熱消毒を行ない処分します。

防除効果については、黄色粘着板へ

の誘殺数の変化と、葉の潜行痕の長さの変化で確認します。

収穫終了後

半促成および促成栽培では、収穫終了後に施設内の雑草および残渣を取り除き、施設の開口部をすべて閉めきり、高温にすることで施設内に残ったハモグリバエを死滅させます。また、取り除いた残渣の上には、ビニルフィルムを1枚かけて太陽熱消毒を行ない、残渣中の幼虫を死滅させます。

初発時

下葉を中心に産卵痕や潜行痕が現われるので、下葉を重点的に観察します。また、施設内に設置した黄色粘着板への成虫の誘殺の有無についても確認します。発生を確認したときは、巻末の農薬表に示す殺虫剤か生物農薬を使用します。育苗期に発生を確認したときは、その多少にかかわらず殺虫剤を散布します。

潜行痕に褐色～黒色の土着寄生蜂の幼虫を確認したときには、天敵に影響の少ない殺虫剤を散布します。潜行痕のほとんどが土着寄生蜂の幼虫であれば、殺虫剤の散布は控えて、土着寄生蜂の働きを活用します。ミドリヒメなどの生物農薬を使用する場合には、7日間隔で3～4回放飼します。生物農薬は、ハモグリバエが多発してから使用しても効果が弱いため、初発時に使用します。

多発時

幼虫の発生部位は下葉から中および上位葉まで達し、成虫を葉上で見られるようになります。黄色粘着板へ誘殺される成虫数は、急激に増加します。このような発生状況の場合には、巻末の農薬表に示す殺虫剤のうち、速効的なアファーム乳剤、ディアナSCなどを、7日間隔で2～3回連続で散布します。

生物農薬を使用する場合には、いったん、速効的な殺虫剤を用いてハモグリバエの発生密度を低下させてから使用します。摘葉残渣は必ず施設外へ持ち出し、ビニルフィルムを1枚かけて太陽熱消毒を行ない、残渣中の幼虫を死滅させます。

激発時

幼虫の発生部位は下葉から上位葉まで拡がります。成虫は葉上で頻繁に見られるようになります。黄色粘着板への誘殺成虫数は多くなります。激発時には巻末の農薬表に示す殺虫剤のうち、速効的なアファーム乳剤、ディアナSCなどを、7日間隔で2～3回連続で散布します。摘葉残渣は必ず施設外へ持ち出し、ビニルフィルムを1枚かけて太陽熱消毒を行ない、残渣中の幼虫を死滅させます。

収穫終了後は、次作や周辺作物への

被害を防ぐために、半促成および促成栽培では、施設の開口部をすべて閉めきり太陽熱消毒を行ないます。ハモグリバエが多発した残渣の上に、ビニルフィルムを1枚かけて太陽熱消毒を行ない、残渣中の幼虫を死滅させます。

【露地栽培】

圃場管理

前作ではハモグリバエが発生する作物を栽培せず、隣接地ではできる限りトマトやインゲンマメなどのハモグリバエが発生する作物を栽培しないようにします。雑草は発生源になるので、定植前に圃場周辺を含めて除草を徹底します。

播種時・定植時

自家育苗をするときは、育苗施設の開口部に目合い0・8㎜以下の防虫ネットを展張します。購入苗を用いるときは、苗にハモグリバエが発生していないか確認します。うね面にはマルチを行ない、ハモグリバエが土中で蛹になるのを防ぎます（【施設栽培】を参照）。

生育初期

苗の葉に産卵痕や潜行痕がないか観察し、発生を確認したときは、巻末の農薬表に示す殺虫剤を速やかに散布します。潜行痕に褐色～黒色の土着寄生蜂の幼虫を確認した場合には、天敵に影響の少ない殺虫剤を使用します。

生育～収穫時

下葉を中心に産卵痕および潜行痕の有無を確認します。発生を確認したときには、巻末の農薬表に示す殺虫剤を速やかに散布します。一葉あたり複数の潜行痕の発生を認めたときには、7日間隔で2～3回散布します。

一方、潜行痕に褐色～黒色の土着寄生蜂の幼虫を確認したときには、天敵に影響の少ない殺虫剤を使用します。潜行痕のほとんどが土着寄生蜂の幼虫であれば、殺虫剤の散布は控えて、土着寄生蜂の働きを活用します。

防除効果については、葉の潜行痕の長さの変化で確認します。摘葉残渣は発生源となるので圃場外に持ち出し、ビニルフィルムを1枚かけて太陽熱消毒を行ない処分します。

収穫終了後

収穫終了後に雑草および残渣を圃場外に持ち出して処分します。残渣の上には、ビニルフィルムを1枚かけて太陽熱消毒を行ない、残渣中の幼虫を死滅させます。

ネギ・ワケギ

発生種…ネギハモグリバエ（◎）、ナモグリバエ（△）、アシグロハモグリバエ（○…地域限定）

◆診断のポイント

葉の先端を観察し、小さな白い斑点もしくは白い筋状の潜行痕を探します。施設栽培では、施設の開口部の付近に黄色粘着板を数枚設置し、成虫の誘殺を観察します。

アシグロハモグリバエの発生が確認されていない地域では、ネギハモグリバエが発生している可能性が高くなります。

◆防除の実際

【施設栽培】

圃場管理

春から秋作では、ネギの苗を定植する直前に、施設内の前作の残渣や雑草を取り除き、施設の開口部をすべて閉めきり、高温にすることで施設内に残ったハモグリバエを死滅させます。

近隣の圃場や家庭菜園でネギやタマネギなどのハモグリバエの発生する植物が植えられていると、そこが発生源になります。発生源が近くにある場合には、そこから成虫が侵入しないように、開口部に目合い0・8mm以下の防虫ネットを展張します。

播種時・定植時

自家育苗をするときは、育苗施設の開口部に目合い0・8mm以下の防虫ネットを展張します。苗床に防虫ネットをトンネル被覆してもよいです。育苗期後半～定植時には、巻末の農薬表に示した灌注剤または粒剤を処理しま

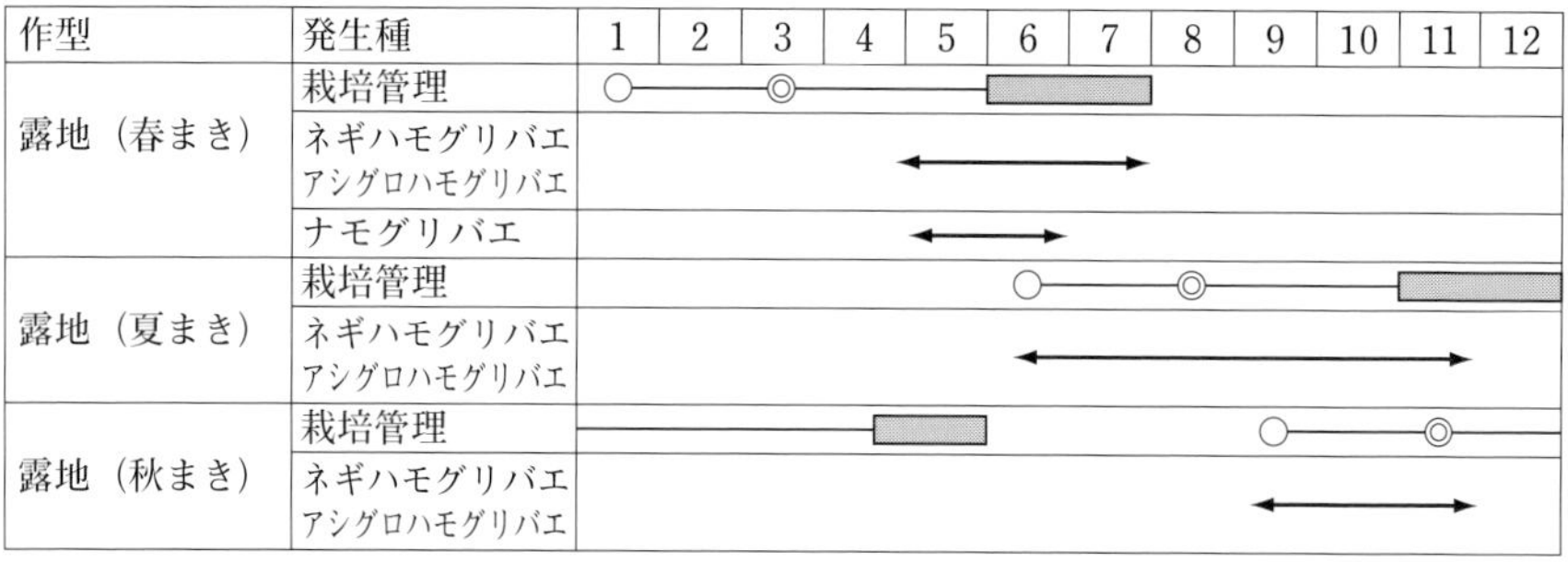

作型	発生種	1	2	3	4	5	6	7	8	9	10	11	12
露地（春まき）	栽培管理	○	—	◎	—	—	■	■					
	ネギハモグリバエ アシグロハモグリバエ					←	—	→					
	ナモグリバエ					←	→						
露地（夏まき）	栽培管理						○	—	◎	—	—	■	■
	ネギハモグリバエ アシグロハモグリバエ						←	—	—	—	—	→	
露地（秋まき）	栽培管理	—	—	—	■	■				○	—	◎	—
	ネギハモグリバエ アシグロハモグリバエ									←	—	→	

図Ⅳ−4　ネギにおけるハモグリバエの加害時期

注　○：播種，◎：定植，■：収穫

す。なお、育苗は苗を定植する施設とは別の施設で行なうとよいでしょう。

一方、購入苗を用いるときは、苗の葉に産卵痕（白い斑点）や潜行痕（白い筋、黄色の幼虫）が付いていないか観察を行ない、発見したときは被害葉を手で取り除くか、巻末の農薬表に示した殺虫剤を速やかに散布します。

定植後は、施設内に黄色粘着フィルムや大量の黄色粘着板を設置し、成虫を誘殺します。黄色粘着フィルムは横向き（地面と水平）に展張すると誘殺効率が高くなります。うね面にはマルチを行ない、土中で蛹になるのを防ぎます。

生育初期

葉の先端部に産卵痕や潜行痕がないか観察します。また、施設内に設置した黄色粘着板に成虫が誘殺されていないかについても確認します。いずれかで発生を確認したときは、巻末の農薬表に示した殺虫剤を速やかに散布します。

生育〜収穫時

葉の先端部を中心に産卵痕および潜行痕の有無、ならびに施設内に設置した黄色粘着板への成虫の誘殺の有無について確認します。発生を確認したときには、巻末の農薬表に示す殺虫剤を速やかに散布します。もし、株あたり複数の潜行痕の発生を認めたときには、７日間隔で２〜３回散布します。また、潜行痕に褐色〜黒色の土着寄生蜂の幼虫を確認したときには、天敵に影響のない殺虫剤を使用します。

防除効果については、黄色粘着板への誘殺数の変化と葉の潜行痕の長さの変化で確認します。

収穫終了後

施設内の雑草および残渣を取り除き、施設の開口部をすべて閉めきり、高温にすることで施設内に残ったハモグリバエを死滅させます。また、取り除いた残渣の上には、ビニルフィルムを１枚かけて太陽熱消毒を行ない、残渣中の幼虫を死滅させます。

初発時

葉の先端部を中心に産卵痕や潜行痕が現われます。また、施設内に設置した黄色粘着板への成虫の誘殺の有無についても確認します。発生を確認したときは、巻末の農薬表に示す殺虫剤を使用します。育苗期に発生を確認したときは、その多少にかかわらず殺虫剤を散布します。潜行痕に褐色〜黒色の土着寄生蜂の幼虫を確認したときには、天敵に影響の少ない殺虫剤を散布します。

多発時

複数の潜行痕が葉全体に見られ、成虫も葉上で見られるようになります。黄色粘着板へ誘殺される成虫数は、急激に増加します。このような発生状態のときには、巻末の農薬表に示す殺虫剤のうち、速効的なアファーム乳剤、ディアナSCなどを、7日間隔で2〜3回連続で散布します。残渣は必ず施設外へ持ち出し、ビニルフィルムを1枚かけて太陽熱消毒を行ない、残渣中の幼虫を死滅させます。

激発時

複数の潜行痕が株全体に見られ、一部の葉は白化します。成虫は葉上で頻繁に見られるようになります。黄色粘着板への誘殺成虫数も多くなります。巻末の農薬表に示す殺虫剤のうち、速効的なアファーム乳剤、ディアナSCなどを、7日間隔で2〜3回連続で散布します。

収穫終了後は、次作や周辺作物への被害を防ぐために、春から夏作では、施設の開口部をすべて閉めきり太陽熱消毒を行ないます。ハモグリバエが多発した残渣の上にビニルフィルムを1枚かけて太陽熱消毒を行ない、残渣中の幼虫を死滅させます。

【露地栽培】

圃場管理

冬期にダゾメット剤で土壌消毒することで土中の蛹を死滅させます。

隣接地ではできる限りネギやタマネギなどのハモグリバエが発生する作物を栽培しないようにします。

播種時・定植時

自家育苗をするときは、育苗施設の開口部に目合い0・8㎜以下の防虫ネットを展張します。購入苗を用いるときは、苗にハモグリバエが発生していないか確認します。うね面にはマルチを行ない、土中で蛹になるのを防ぎます（【施設栽培】を参照）。

生育初期

葉の先端部に産卵痕や潜行痕がないか観察し、発生を確認したときは巻末の農薬表に示す殺虫剤を速やかに散布します。潜行痕に褐色〜黒色の土着寄生蜂の幼虫を確認した場合には、天敵に影響の少ない殺虫剤を使用します。

生育〜収穫時

葉の先端部を中心に産卵痕および潜行痕の有無を確認します。発生を確認したときには、巻末の農薬表に示す殺虫剤を速やかに散布します。株あたり複数の潜行痕の発生を認めたときには、7日間隔で2〜3回散布します。防除効果については、葉の潜行痕の長さの変化で確認します。

収穫終了後

残渣は圃場外に持ち出し、残渣の上にビニルフィルムを1枚かけて太陽熱消毒を行ない、残渣中の幼虫を死滅させます。

タマネギ・ニラ・ラッキョウ

発生種…ネギハモグリバエ（○）、アシグロハモグリバエ（○…地域限定）

◆診断のポイント

葉の先端を観察し、小さな白い斑点もしくは白い筋状の潜行痕を探します。施設栽培では、施設の開口部の付近に黄色粘着板を数枚設置し、成虫の誘殺を観察します。

アシグロハモグリバエの発生が確認されていない地域では、ネギハモグリバエが発生種である可能性が高くなります。

◆防除の実際

【施設栽培】

圃場管理

春から秋に苗を定植する場合には、定植前に施設内の前作の残渣や雑草を取り除き、施設の開口部をすべて閉めきり、高温にすることで施設内に残ったハモグリバエを死滅させます。

近隣の圃場や家庭菜園でネギやタマネギなどのハモグリバエの発生する植物が植えられていると、そこが発生源になります。発生源が近くにある場合には、そこから成虫が侵入しないように、開口部に目合い0・8㎜以下の防虫ネットを展張します。

播種時・定植時

自家育苗をするときは、育苗施設の開口部に目合い0・8㎜以下の防虫ネットを展張します。苗床に防虫ネットをトンネル被覆してもよいです。育苗期後半〜定植時には、巻末の農薬表に示す灌注剤または粒剤を処理します。なお、育苗は苗を定植する施設と

作型	発生種	1	2	3	4	5	6	7	8	9	10	11	12
露地（春まき）	栽培管理			○―	―	◎―	―	―	■■	■■			
	ネギハモグリバエ アシグロハモグリバエ					←―	―	―	―	―→			
露地（秋まき）	栽培管理	―	―	―	―	■■	■■			○―	―	◎―	―
	ネギハモグリバエ アシグロハモグリバエ					←―	―→						

図Ⅳ-5　タマネギにおけるハモグリバエの加害時期

注　○：播種，◎：定植，▒：収穫

は別の施設で行なうとよいでしょう。

一方、購入苗を用いるときは、苗の葉に産卵痕（白い斑点）や潜行痕（白い筋、黄色の幼虫）が付いていないか観察を行ない、発見したときは被害葉を手で取り除くか、巻末の農薬表に示す殺虫剤を速やかに散布します。

定植後は、施設内に黄色粘着フィルムや大量の黄色粘着板を設置し、成虫を誘殺します。黄色粘着フィルムは横向き（地面と水平）に展張すると誘殺効率が高くなります。うね面にはマルチを行ない、土中で蛹になるのを防ぎます。

生育初期

葉の先端部に産卵痕や潜行痕がないか観察します。また、施設内に設置した黄色粘着板に成虫が誘殺されていないかについても確認します。いずれかで発生を確認したときは、巻末の農薬表に示す殺虫剤を速やかに散布します。

生育〜収穫時

葉の先端部を中心に産卵痕および潜行痕の有無、ならびに施設内に設置した黄色粘着板への成虫の誘殺の有無について確認します。発生を確認したときには、巻末の農薬表に示す殺虫剤を速やかに散布します。もし、株あたり複数の潜行痕の発生を認めたときには、7日間隔で2〜3回散布します。また、潜行痕に褐色〜黒色の土着寄生蜂の幼虫を確認したときには、天敵に影響のない殺虫剤を使用します。

防除効果については、黄色粘着板への誘殺数の変化と、葉の潜行痕の長さの変化で確認します。

収穫終了後

収穫終了後に施設内の雑草および残渣を取り除き、施設の開口部をすべて閉めきり、高温にすることで施設内に残ったハモグリバエを死滅させます。また、残渣の上にはビニルフィルムを1枚かけて太陽熱消毒を行ない、残渣中の幼虫を死滅させます。

初発時

葉の先端部を中心に産卵痕や潜行痕が現われます。また、施設内に設置した黄色粘着板への成虫の誘殺の有無についても確認します。発生を確認したときは、巻末の農薬表に示す殺虫剤を使用します。育苗期に発生を確認したときは、その多少にかかわらず殺虫剤を散布します。潜行痕に褐色〜黒色の土着寄生蜂の幼虫を確認したときには、天敵に影響の少ない殺虫剤を散布します。

多発時

複数の潜行痕が葉全体に見られ、成虫も葉上で見られるようになります。タマネギでは、葉だけでなく鱗片への潜行も見られます。黄色粘着板へ誘殺される成虫数は、急激に増加します。このような発生状態のときには巻末の農薬表に示す殺虫剤のうち、速効的なディアナSCなどを、7日間隔で2～3回連続で散布します。残渣は必ず施設外へ持ち出し、ビニルフィルムを1枚かけて太陽熱消毒を行ない、残渣中の幼虫を死滅させます。

激発時

複数の潜行痕が株全体に見られ、一部の葉は白化します。成虫は葉上で頻繁に見られるようになります。黄色粘着板への誘殺成虫数も多くなります。巻末の農薬表に示す殺虫剤のうち、速効的なディアナSCなどを、7日間隔で2～3回連続で散布します。

収穫終了後は、次作や周辺作物への被害を防ぐために、施設の開口部をすべて閉めきり太陽熱消毒を行ないます。ハモグリバエが多発した残渣の上に、ビニルフィルムを1枚かけて太陽熱消毒を行ない、残渣中の幼虫を死滅させます。

【露地栽培】

圃場管理

冬期にダゾメット剤で土壌消毒することで土中の蛹を死滅させます。

隣接地ではできる限りネギやタマネギなどのハモグリバエが発生する作物を栽培しないようにします。

播種時・定植時

自家育苗をするときは、育苗施設の開口部に目合い0・8㎜以下の防虫ネットを展張します。購入苗を用いるときは、苗にハモグリバエが発生していないか確認します。うね面にはマルチを行ない、土中で蛹になるのを防ぎます（【施設栽培】を参照）。

生育初期

葉の先端部に産卵痕や潜行痕がないか観察し、発生を確認したときは、巻末の農薬表に示す殺虫剤を速やかに散布します。潜行痕に褐色～黒色の土着寄生蜂の幼虫を確認した場合には、天敵に影響の少ない殺虫剤を使用します。

生育～収穫時

葉の先端部を中心に産卵痕および潜行痕の有無を確認します。発生を確認したときには、巻末の農薬表に示す殺虫剤を速やかに散布します。株あたり複数の潜行痕の発生を認めたときには、7日間隔で2～3回散布します。防除効果については、葉の潜行痕の長さの変化で確認します。

収穫終了後

残渣は圃場外に持ち出し、残渣の上にビニルフィルムを1枚かけて太陽熱消毒を行ない、残渣中の幼虫を死滅させます。

レタス

発生種：ナモグリバエ（◎）

◆診断のポイント

外側の葉の表面を観察し、小さな白い斑点もしくは白い筋状の潜行痕を探します。現在、わが国のレタスで発生が確認されているハモグリバエは、ナモグリバエだけです。

◆防除の実際

【露地栽培】

圃場管理

前作や近隣の圃場や家庭菜園でエンドウやアブラナ科野菜などナモグリバエの発生する植物が植えられていると、そこが発生源になります。前作や隣接地では、できる限りエンドウやアブラナ科野菜などのナモグリバエが発生する作物を栽培しないようにします。また、アブラナ科の雑草も発生源になりますので、定植前に圃場周辺の除草を行ないます。

播種時・定植時

自家育苗をするときは、育苗施設の開口部に目合い0・8mm以下の防虫ネットを展張します。苗床に防虫ネットをトンネル被覆してもよいです。育苗期後半～定植時には巻末の農薬表に示す灌注剤または粒剤を処理します。

購入苗を用いるときは、苗の葉に産卵痕（白い斑点）や潜行痕（白い筋、淡黄色の幼虫、葉の裏側に褐色～黒色の蛹）が付いていないか肉眼で観察し、発見したときは葉を手で取り除くか、巻末の農薬表に示す殺虫剤を速やかに

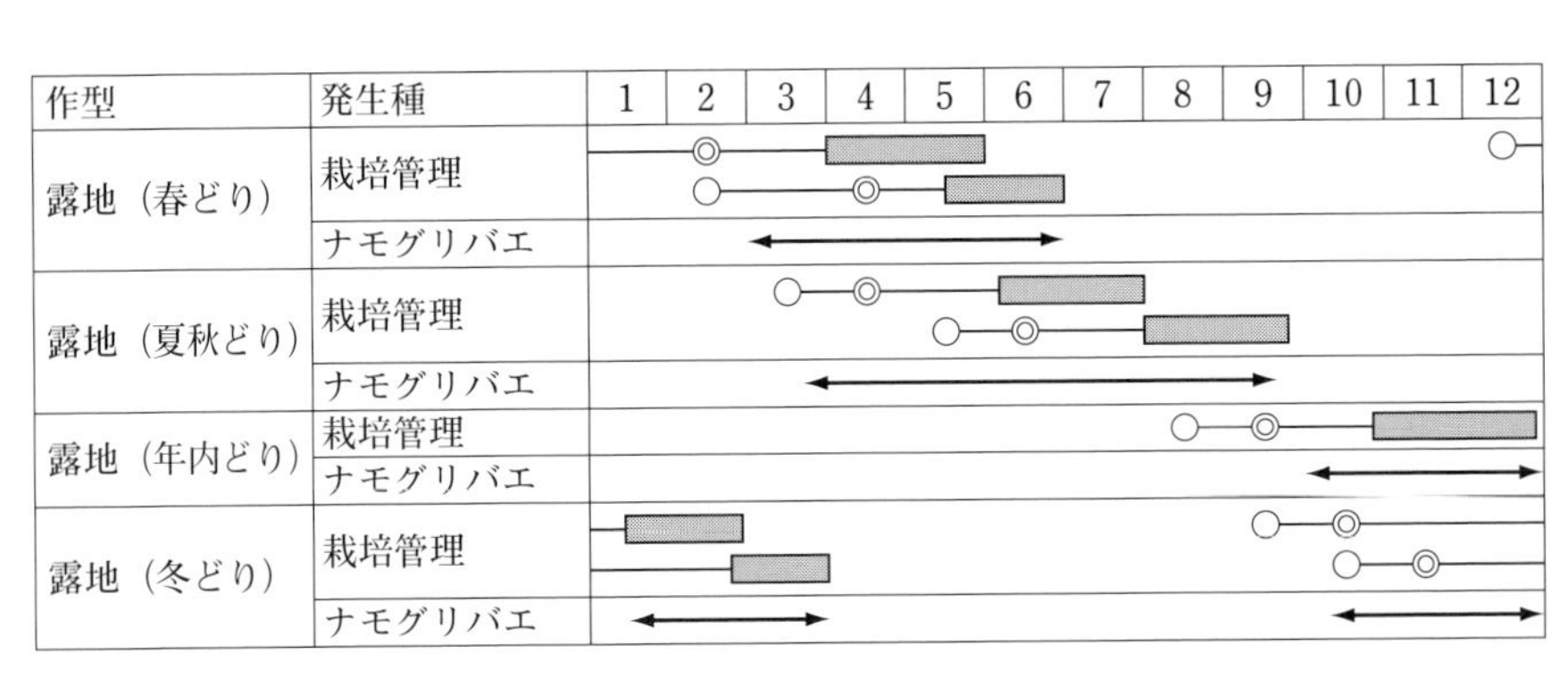

図Ⅳ-6　レタスにおけるハモグリバエの加害時期

注　○：播種，◎：定植，▭：収穫

散布します。

生育初期

苗の葉にナモグリバエの産卵痕や潜行痕がないか観察します。発生を確認したときは、巻末の農薬表に示す殺虫剤を速やかに散布します。葉の表側の潜行痕に褐色〜黒色の幼虫を確認した場合には、土着の寄生蜂が働いているサインですので、天敵に影響のない殺虫剤を使用します。

生育〜収穫時

外葉を中心に、ナモグリバエの産卵痕および潜行痕の有無について確認します。発生を確認したときには、巻末の農薬表に示す殺虫剤を速やかに散布します。もし、一葉あたり複数の潜行痕の発生を認めたときには、7日間隔で2〜3回散布します。また、葉の表側の潜行痕に褐色〜黒色の土着寄生蜂の幼虫を確認したときには、天敵に影響のない殺虫剤を使用します。

防除効果については、葉の潜行痕の長さの変化で確認します。

収穫終了後

雑草および残渣を圃場から持ち出し、その上にビニルフィルムを1枚かけて太陽熱消毒を行ない、残渣中のナモグリバエの幼虫を死滅させます。

初発時

外葉を中心にナモグリバエの産卵痕や潜行痕が現われるので、外葉を重点的に観察してください。発生を確認したときは、巻末の農薬表に示す殺虫剤か生物農薬を使用します。育苗期に発生を確認したときは、その多少にかかわらず殺虫剤を散布します。葉の表側の潜行痕に褐色〜黒色の土着寄生蜂の幼虫を確認したときには、天敵に影響の少ない殺虫剤を散布します。

多発時

複数の潜行痕が外葉を中心に見られ、葉は脱色、白化し、ナモグリバエの成虫を葉上で見られるようになります。また、潜行痕からレタス腐敗病も発生することがあります。このような多発時には、巻末の農薬表に示す殺虫剤のうち、速効的なアファーム乳剤、スピノエース顆粒水和剤、ディアナSCなどを、7日間隔で2〜3回連続で散布します。

激発時

多くの潜行痕が外葉を中心に見られ、葉は白化して結球不良や生育遅延を引き起こし、潜行痕は結球部に達するようになります。ナモグリバエの成虫は、葉上で頻繁に見られるようになります。また、レタス腐敗病も多発することがあります。苗の段階で激発状態になると苗が枯死することがあります。激発時には巻末の農薬表に示す殺虫剤のうち、速効的なアファーム乳剤、スピノエース顆粒水和剤、ディアナS

Cなどを、7日間隔で2～3回連続で散布します。

収穫終了後は、次作や周辺作物への被害を防ぐために、残渣の上にビニルフィルムを1枚かけて太陽熱消毒を行ない、残渣中のナモグリバエの幼虫を死滅させます。

ハクサイ・ダイコン・カブ

発生種…トマトハモグリバエ（△）、ナスハモグリバエ（△）、ナモグリバエ（○）

◆診断のポイント

葉の表面を観察し、小さな白い斑点もしくは白い筋状の潜行痕を探します。潜行痕が見つかったときは、口絵の「簡易識別フローチャート」に従い、潜行痕の形状や葉裏における蛹の有無により、発生種を絞り込みます。

アブラナ科葉根菜類においてトマトハモグリバエが発生する時期は夏以降が中心となり、他の時期ではナモグリバエが主に発生します。これらの品目では、育苗段階を除いてハモグリバエが多発することはほとんどありませんので、必要に応じて防除を行ないます。

◆防除の実際

【露地栽培】

圃場管理

前作や近隣の圃場や家庭菜園でトマト、キュウリ、エンドウ、アブラナ科野菜などハモグリバエの発生する植物が植えられていると、そこが発生源になります。前作や隣接地では、できる限りハモグリバエが発生する作物を栽培しないようにします。

また、アブラナ科の雑草も発生源になりますので、播種および定植前に圃場周辺の除草を行ないます。

播種時・定植時

自家育苗をするときは、育苗施設の開口部に目合い0・8㎜以下の防虫ネットを展張します。苗床に防虫ネットをトンネル被覆してもよいです。

購入苗を用いるときは、苗の葉に産卵痕（白い斑点）や潜行痕（白い筋、淡黄色の幼虫、葉の裏側に褐色～黒色の蛹）が付いていないか肉眼で観察し、発見したときは葉を手で取り除くか、巻末の農薬表に示す殺虫剤を速やかに散布します。

生育初期

苗の葉に産卵痕や潜行痕がないか観察します。発生を確認したときは、巻末の農薬表に示す殺虫剤を速やかに散布します。葉の表側の潜行痕に褐色～黒色の幼虫を確認した場合には、土着

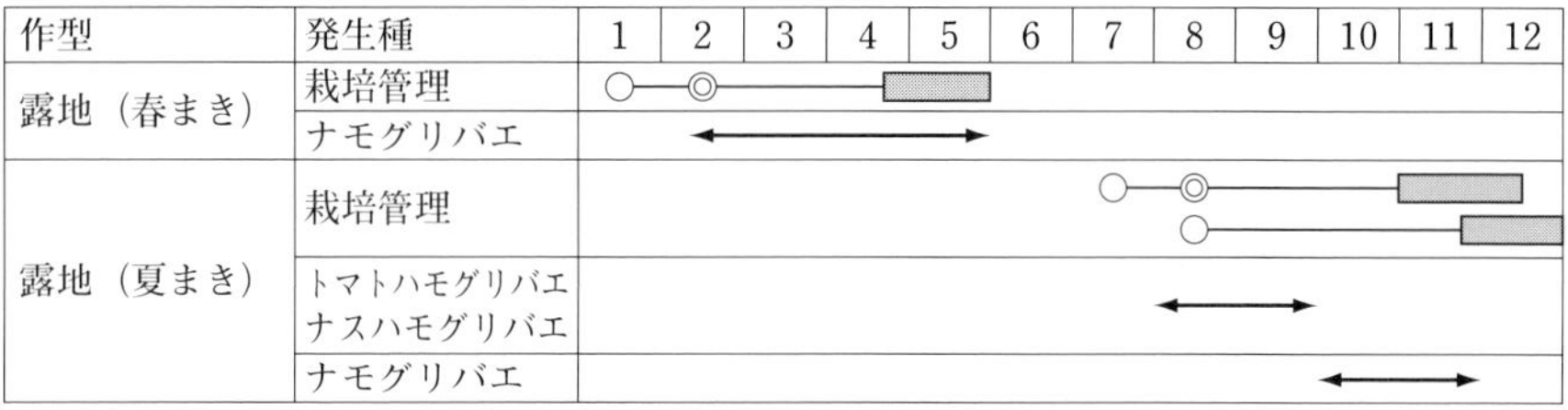

作型	発生種	1	2	3	4	5	6	7	8	9	10	11	12
露地（春まき）	栽培管理	○	◎										
	ナモグリバエ												
露地（夏まき）	栽培管理							○	◎				
									○				
	トマトハモグリバエ ナスハモグリバエ												
	ナモグリバエ												

図Ⅳ-7　ハクサイにおけるハモグリバエの加害時期

注　○：播種，◎：定植，▭：収穫

の寄生蜂が働いているサインですので、天敵に影響のある殺虫剤の使用は控えます。

生育～収穫時

葉に産卵痕および潜行痕がないか確認します。発生を確認したときには、巻末の農薬表に示す殺虫剤を速やかに散布します。葉の表側の潜行痕に褐色～黒色の土着寄生蜂の幼虫を確認したときには、天敵に影響のある殺虫剤の使用は控えます。

防除効果については、葉の潜行痕の長さの変化で確認します。

収穫終了後

雑草および残渣を圃場から持ち出しビニルフィルムを1枚かけて処分します。

初発時

複数の株で産卵痕や潜行痕が現われます。外葉を重点的に観察してください。発生を確認したときは、巻末の農薬表に示す殺虫剤を散布します。育苗期に発生を確認したときは、その多少にかかわらず殺虫剤を散布します。

葉の表側の潜行痕に褐色～黒色の土着寄生蜂の幼虫を確認したときには、天敵に影響のある殺虫剤の使用は控えます。

多発時

1枚の葉に複数の潜行痕が見られ、成虫を葉上で見られるようになります。このような多発時には、巻末の農薬表に示す殺虫剤を7日間隔で2～3回連続で散布しますが、本品目では、育苗段階を除いてハモグリバエが多発する可能性はほとんどありません。

激発時

1枚の葉に多くの潜行痕が見られます。成虫は葉上で頻繁に見られるようになります。苗の段階で激発状態になると、苗が枯死することがあります。

激発時には巻末の農薬表に示す殺虫剤を7日間隔で2～3回連続で散布しますが、本品目では、育苗段階を除いてハモグリバエが多発する可能性はほとんどありません。収穫終了後は、次作や周辺作物への被害を防ぐために、残渣を圃場から持ち出し、ビニルフィルムを1枚かけて処分します。

コマツナ・チンゲンサイ

発生種…トマトハモグリバエ（○）、マメハモグリバエ（◎）、ナモグリバエ（○）

◆診断のポイント

葉の表面を観察し、小さな白い斑点もしくは白い筋状の潜行痕を探します。潜行痕が見つかったときは、口絵の「簡易識別フローチャート」に従い、潜行痕の形状や葉裏における蛹の有無により発生種を絞り込みます。

また施設栽培では、施設の開口部の付近に黄色粘着板を数枚設置し、成虫の誘殺を観察します。

◆防除の実際

【施設栽培】

圃場管理

前作もしくは同じ施設内ではトマト、キュウリなどのハモグリバエが発生する作物を栽培しないようにします。夏場に収穫を終える作型では、施設内の雑草を取り除き、施設の開口部をすべて閉めきり、高温にすることで施設内に残ったハモグリバエを死滅させます。秋以降に収穫を終える作型では、収穫後に残渣や雑草を完全に取り除いて、成虫を施設内に封じ込めて餓死させるか、1～2月に施設の開口部を全開にして、寒気にさらすことで成虫を数日で死滅させます。

また、近隣の圃場や家庭菜園でトマトなどハモグリバエの発生する植物が植えられていると、そこが発生源になります。発生源が近くにある場合には、そこから成虫が侵入しないように、開口部に目合い0・8㎜以下の防虫ネットを展張します。

播種時・定植時

自家育苗をするときは、育苗施設の開口部に目合い0・8㎜以下の防虫ネットを展張します。苗床に防虫ネットをトンネル被覆します。育苗は苗を定植する施設とはできる限り別の施設で行なうとよいでしょう。

一方、購入苗を用いるときは、苗の葉に産卵痕（白い斑点）や潜行痕（白い筋、黄色の幼虫）が付いていないか肉眼で観察し、発見したときは葉を手で取り除くか、巻末の農薬表に示す殺虫剤を速やかに散布します。

定植後は、施設内に黄色粘着フィルムや大量の黄色粘着板を設置し、成虫を誘殺します。黄色粘着フィルムは横向き（地面と水平）に展張すると誘殺効率が高くなります。うね面にはマルチを行ない、土中で蛹になるのを防ぎます。

生育初期

苗の葉に産卵痕や潜行痕がないか観察します。また、施設内に設置した黄色粘着板に成虫が誘殺されていないかについても確認します。いずれかで発生を確認したときは、巻末の農薬表に示す殺虫剤を速やかに散布します。潜行痕に褐色～黒色の幼虫を確認した場合には、土着の寄生蜂が働いているサインですので、天敵に影響のない殺虫剤を使用します。ミドリヒメなどの生物農薬を使用する場合には、7日間隔で3～4回放飼します。

生育～収穫時

葉の産卵痕および潜行痕の有無、ならびに施設内に設置した黄色粘着板への成虫の誘殺の有無について確認します。発生を確認したときには、巻末の農薬表に示す殺虫剤を速やかに散布します。もし、一葉あたり複数の潜行痕の発生を認めたときには、7日間隔で2～3回散布します。

また、潜行痕に褐色～黒色の土着寄生蜂の幼虫を確認したときには、天敵に影響のない殺虫剤を使用します。潜行痕のほとんどが土着寄生蜂の幼虫であれば、殺虫剤の散布は控えて、土着寄生蜂の働きを活用します。生物農薬を使用する場合には、7日間隔で3～4回放飼します。間引いた葉は、発生源となるので圃場外に持ち出し、ビニルフィルムを1枚かけて太陽熱消毒を行ない処分します。

防除効果については、黄色粘着板への誘殺数の変化と、葉の潜行痕の長さの変化で確認します。

収穫終了後

収穫終了後に施設内の雑草および残渣を取り除き、施設の開口部をすべて閉めきり、高温にすることで施設内に残ったハモグリバエを死滅させます。また取り除いた残渣の上には、ビニルフィルムを1枚かけて太陽熱消毒を行ない、残渣中の幼虫を死滅させます。

秋以降に収穫を終える作型では、収穫終了後の1～2月の間に、雑草や残渣を完全に取り除き、成虫を施設内に封じ込めて餓死させるか、施設の開口部を全開にして、寒気にさらすことで成虫を死滅させます。

初発時

葉に産卵痕や潜行痕が現われます。

また、施設内に設置した黄色粘着板への成虫の誘殺の有無についても確認します。発生を確認したときは、巻末の農薬表に示す殺虫剤か生物農薬を使用します。育苗期に発生を確認したときは、その多少にかかわらず殺虫剤を散布します。

潜行痕に褐色～黒色の土着寄生蜂の幼虫を確認したときには、天敵に影響の少ない殺虫剤を散布します。潜行痕のほとんどが土着寄生蜂の幼虫であれば、殺虫剤の散布は控えて、土着寄生蜂の働きを活用します。ミドリヒメなどの生物農薬を使用する場合には、7日間隔で3～4回放飼します。生物農薬は、ハモグリバエが多発してからでは効果が弱いため、初発時に使用します。

多発時

1枚の葉に複数の潜行痕が見られ、成虫を葉上で見られるようになります。黄色粘着板へ誘殺される成虫数は、急激に増加します。このような発生状況の場合には、巻末の農薬表に示す殺虫剤を、7日間隔で2～3回連続で散布します。生物農薬を使用する場合には、いったん、殺虫剤を用いてハモグリバエ発生密度を低下させてから使用します。間引きした葉は必ず施設外へ持ち出し、ビニルフィルムを1枚かけて太陽熱消毒を行ない、残渣中の幼虫を死滅させます。

激発時

1枚の葉に多くの潜行痕が見られます。一部の葉は枯れ上がることがあります。成虫は葉上で頻繁に見られるようになります。苗の段階で激発状態になると苗が枯死することがあります。黄色粘着板へ誘殺される成虫数は多くなります。激発時には巻末の農薬表に示す殺虫剤を、7日間隔で2～3回連続で散布します。間引いた葉は必ず施設外へ持ち出し、ビニルフィルムを1枚かけて太陽熱消毒を行ない、残渣中の幼虫を死滅させます。

収穫終了後は、次作や周辺作物への被害を防ぐために、夏場に収穫を終える作型では、施設の開口部をすべて閉めきり太陽熱消毒を行ないます。ハモグリバエが多発した残渣の上に、ビニルフィルムを1枚かけて太陽熱消毒を行ない、残渣中の幼虫を死滅させます。秋以降に収穫を終える作型では、成虫を施設内に封じ込めて餓死させるか、施設の開口部を全開にして、寒気にさらすことで成虫を死滅させます。

【露地栽培】

圃場管理

前作ではハモグリバエが発生する作物を栽培せず、隣接地ではできる限りトマトやキュウリなどのハモグリバエが発生する作物を栽培しないようにします。雑草は発生源になるので、栽培前には圃場周辺を含めて除草を徹底します。

播種時・定植時

自家育苗をするときは、育苗施設の開口部に目合い0・8㎜以下の防虫ネットを展張します。購入苗を用いるときは、苗にハモグリバエが発生していないか確認します。うね面にはマルチを行ない、土中で蛹になるのを防ぎます（【施設栽培】を参照）。

生育初期

苗の葉に産卵痕や潜行痕がないか観察し、発生を確認したときは、巻末の農薬表に示す殺虫剤を速やかに散布します。潜行痕に褐色～黒色の土着寄生蜂の幼虫を確認した場合には、天敵に影響の少ない殺虫剤を使用します。

生育～収穫時

葉に産卵痕および潜行痕がないか確認します。発生を確認したときには、巻末の農薬表に示す殺虫剤を速やかに散布します。一葉あたり複数の潜行痕の発生を認めたときには、7日間隔で2～3回散布します。

一方、潜行痕に褐色～黒色の土着寄生蜂の幼虫を確認したときには、天敵に影響の少ない殺虫剤を使用します。潜行痕のほとんどが土着寄生蜂の幼虫であれば、殺虫剤の散布は控えて、土着寄生蜂の働きを活用します。

防除効果については、葉の潜行痕の長さの変化で確認します。間引いた葉は発生源となるので圃場外に持ち出し、ビニルフィルムを1枚かけて太陽熱消毒を行ない処分します。

収穫終了後

収穫終了後に雑草および残渣を圃場外に持ち出して処分します。残渣の上には、ビニルフィルムを1枚かけて太陽熱消毒を行ない、残渣中の幼虫を死滅させます。

シュンギク

発生種…トマトハモグリバエ（○）、マメハモグリバエ（○）、ナモグリバエ（△）

◆診断のポイント

葉の表面を観察し、小さな白い斑点もしくは白い筋状の潜行痕を探します。潜行痕が見つかったときは、口絵の「簡易識別フローチャート」に従い、潜行痕の形状により発生種を絞り込みます。また施設栽培では、施設の開口部の付近に黄色粘着板を数枚設置し、成虫の誘殺を観察します。

シュンギクで発生するハモグリバエは、トマトハモグリバエとマメハモグリバエの2種が主体となります。ナモグリバエも春先に発生することがまれにありますが、ほとんど問題になりません。

◆防除の実際

【施設栽培】

圃場管理

前作もしくは同じ施設内ではトマト、キュウリなどのハモグリバエが発生する作物を栽培しないようにします。夏場に収穫を終える作型では、施設内の雑草を取り除き、施設の開口部をすべて閉めきり、高温にすることで施設内に残ったハモグリバエを死滅させます。冬場に収穫を終える作型では、収穫後に残渣や雑草を完全に取り除いて、成虫を施設内に封じ込めて餓死させるか、1~2月に施設の開口部を全開にして、寒気にさらすことで成虫を数日で死滅させます。

また、近隣の圃場や家庭菜園でトマトなどハモグリバエの発生する作物が植えられていると、そこが発生源になります。発生源が近くにある場合には、そこから成虫が侵入しないように、施設の開口部に目合い0・8mm以下の防虫ネットを展張します。

播種時・定植時

施設の開口部に目合い0・8mm以下の防虫ネットを展張します。播種・定植後は、施設内に黄色粘着フィルムや大量の黄色粘着板を設置し、成虫を誘殺します。黄色粘着フィルムは横向き（地面と水平）に展張すると誘殺効率が高くなります。うね面にマルチを行なうと、土中で蛹になるのを防ぐことができます。

生育初期

苗の葉に産卵痕（白い斑点）や潜行痕（白い筋）がないか観察します。また、施設内に設置した黄色粘着板に成虫が誘殺されていないかについても確認します。いずれかで発生を確認した

作型	発生種	1	2	3	4	5	6	7	8	9	10	11	12
露地（春まき）	栽培管理		○	—	■	■							
						○	■						
							○	■					
								○	—	■			
									○	■	■		
		■								○	—	■	■
	トマトハモグリバエ マメハモグリバエ					←	—	—	—	→			
	ナモグリバエ			←	—	—	→						
露地（夏まき）	栽培管理	■							○	◎	—	■	■
	トマトハモグリバエ マメハモグリバエ								←	→			
	ナモグリバエ										←	→	

図Ⅳ-8　シュンギクにおけるハモグリバエの加害時期

注　○：播種，◎：定植，■：収穫

ときは、巻末の農薬表に示した殺虫剤を速やかに散布します。潜行痕に褐色～黒色の幼虫を確認した場合には、土着の寄生蜂が働いているサインですので、天敵に影響のない殺虫剤を使用します。ミドリヒメなどの生物農薬を使用する場合には、7日間隔で3～4回放飼します。

生育～収穫時

葉の産卵痕および潜行痕の有無、ならびに施設内に設置した黄色粘着板への成虫の誘殺の有無について確認します。発生を確認したときには、巻末の農薬表に示す殺虫剤を速やかに散布します。もし、一葉あたり複数の潜行痕の発生を認めたときには、7日間隔で2～3回散布します。

また、潜行痕に褐色～黒色の土着寄生蜂の幼虫を確認したときには、天敵に影響のない殺虫剤を使用します。潜行痕のほとんどが土着寄生蜂の幼虫であれば、殺虫剤の散布は控えて、土着寄生蜂の働きを活用します。生物農薬を使用する場合には、7日間隔で3～4回放飼します。間引いた葉は発生源となるので圃場外に持ち出し、ビニルフィルムを1枚かけて太陽熱消毒を行ない処分します。

防除効果については、黄色粘着板への誘殺数の変化と、葉の潜行痕の長さの変化で確認します。

収穫終了後

収穫終了後に施設内の雑草および残渣を取り除き、夏場では施設の開口部をすべて閉めきり、高温にすることで施設内に残ったハモグリバエを死滅させます。また、取り除いた残渣の上には、ビニルフィルムを1枚かけて太陽熱消毒を行ない、残渣中の幼虫を死滅させます。

冬場に収穫を終える作型では、収穫終了後の1～2月の間に、雑草や残渣を完全に取り除き、成虫を施設内に封じ込めて餓死させるか、施設の開口部を全開にして、寒気にさらすことで成虫を死滅させます。

初発時

葉に産卵痕や潜行痕が現われます。また、施設内に設置した黄色粘着板への成虫の誘殺の有無についても確認します。発生を確認したときは、巻末の農薬表に示す殺虫剤か生物農薬を使用します。育苗期に発生を確認したときは、その多少にかかわらず殺虫剤を散布します。

潜行痕に褐色～黒色の土着寄生蜂の幼虫を確認したときには、天敵に影響の少ない殺虫剤を散布します。潜行痕のほとんどが土着寄生蜂の幼虫であれば、殺虫剤の散布は控えて、土着寄生蜂の働きを活用します。ミドリヒメなどの生物農薬を使用する場合には、7

日間隔で3～4回放飼します。生物農薬は、ハモグリバエが多発してからでは効果が弱いため、初発時に使用します。

多発時

1枚の葉に複数の潜行痕が見られ、成虫を葉上で見られるようになります。黄色粘着板へ誘殺される成虫数は、急激に増加します。このような発生状況の場合には、巻末の農薬表に示す殺虫剤を、7日間隔で2～3回連続で散布します。生物農薬を使用する場合には、いったん、殺虫剤を用いてハモグリバエ発生密度を低下させてから使用します。間引きした葉は必ず施設外へ持ち出し、ビニルフィルムを1枚かけて太陽熱消毒を行ない、残渣中の幼虫を死滅させます。

激発時

1枚の葉に多くの潜行痕が見られます。一部の葉は白化して枯れ上がります。成虫は葉上で頻繁に見られるようになります。苗の段階で激発状態になると、苗が枯死することがあります。黄色粘着板への誘殺成虫数は、非常に多くなります。激発時には巻末の農薬表に示す殺虫剤を、7日間隔で2～3回連続で散布します。間引いた葉は必ず施設外へ持ち出し、ビニルフィルムを1枚かけて太陽熱消毒を行ない、残渣中の幼虫を死滅させます。

収穫終了後は、次作や周辺作物への被害を防ぐために、夏場に収穫を終える作型では、施設の開口部をすべて閉めきり太陽熱消毒を行ないます。ハモグリバエが多発した残渣の上に、ビニルフィルムを1枚かけて太陽熱消毒を行ない、残渣中の幼虫を死滅させます。冬場に収穫を終える作型では、成虫を施設内に封じ込めて餓死させるか、施設の開口部を全開にして、寒気にさらすことで成虫を死滅させます。

【露地栽培】

圃場管理

前作ではハモグリバエが発生する作物を栽培せず、隣接地ではできる限りトマトやキュウリなどのハモグリバエが発生する作物を栽培しないようにします。雑草は発生源になるので、栽培前には圃場周辺を含めて除草を徹底します。

播種時

うねごとに目合い0・8㎜以下の防虫ネットでトンネル被覆をします。また、うね面にはマルチを行ない、土中で蛹になるのを防ぎます。

生育初期

苗の葉に産卵痕や潜行痕がないか観察し、発生を確認したときは、巻末の農薬表に示す殺虫剤を速やかに散布します。潜行痕に褐色～黒色の土着寄生蜂の幼虫を確認した場合には、天敵に影響の少ない殺虫剤を使用します。

生育～収穫時

葉に産卵痕および潜行痕がないか確認します。発生を確認したときには、巻末の農薬表に示す殺虫剤を速やかに散布します。一葉あたり複数の潜行痕の発生を認めたときには、7日間隔で2～3回散布します。

一方、潜行痕に褐色～黒色の土着寄生蜂の幼虫を確認したときには、天敵に影響の少ない殺虫剤を使用します。潜行痕のほとんどが土着寄生蜂の幼虫であれば、殺虫剤の散布は控えて、土着寄生蜂の働きを活用します。

防除効果については、葉の潜行痕の長さの変化で確認します。間引いた葉は発生源となるので圃場外に持ち出し、ビニルフィルムを1枚かけて太陽熱消毒を行ない処分します。

収穫終了後

収穫終了後に雑草および残渣を圃場外に持ち出して処分します。残渣の上には、ビニルフィルムを1枚かけて太陽熱消毒を行ない、残渣中の幼虫を死滅させます。

ホウレンソウ

発生種…マメハモグリバエ（△）、アシグロハモグリバエ（○…地域限定）

◆診断のポイント

葉の表面を観察し、小さな白い斑点もしくは白い筋状の潜行痕を探します。潜行痕が見つかったときは、口絵の「簡易識別フローチャート」に従い、潜行痕の形状により、発生種を絞り込みます。また施設栽培では、施設の開口部の付近に黄色粘着板を数枚設置し、成虫の誘殺を観察します。

◆防除の実際

【施設栽培】

圃場管理

前作もしくは同じ施設内ではトマト、キュウリなどのハモグリバエが発生する作物を栽培しないようにします。夏場に収穫を終える作型では、施設内の雑草を取り除き、施設の開口部をすべて閉めきり、高温にすることで施設内に残ったハモグリバエを死滅させます。冬場に収穫を終える作型では、収穫後に残渣や雑草を完全に取り除いて、成虫を施設内に封じ込めて餓死させるか、1～2月に施設の開口部を全開にして、寒気にさらすことで成虫を数日で死滅させます。

また、近隣の圃場や家庭菜園でトマトなどハモグリバエの発生する作物が植えられていると、そこが発生源になります。発生源が近くにある場合には、そこから成虫が侵入しないように、施設の開口部に目合い0・8㎜以下の防虫ネットを展張します。

播種時

施設の開口部に目合い0・8㎜以下の防虫ネットを展張します。播種後は、施設内に黄色粘着フィルムや大量の黄色粘着板を設置し、成虫を誘殺します。黄色粘着フィルムは横向き（地面と水平）に展張すると誘殺効率が高くなります。うね面にマルチを行なうと、土中で蛹になるのを防ぐことができます。

生育初期

苗の葉にハモグリバエの産卵痕（白い斑点）や潜行痕（白い筋）がないか観察します。また、施設内に設置した黄色粘着板に成虫が誘殺されていないかについても確認します。いずれかで発生を確認したときは、巻末の農薬表に示した殺虫剤を速やかに散布します。潜行痕に褐色～黒色の幼虫を確認した場合には、土着の寄生蜂が働いているサインですので、天敵に影響のない殺虫剤を使用します。

生育～収穫時

葉の産卵痕および潜行痕の有無、ならびに施設内に設置した黄色粘着板への成虫の誘殺の有無について確認します。発生を確認したときには、巻末の農薬表に示す殺虫剤を速やかに散布します。もし、一葉あたり複数の潜行痕の発生を認めたときには、7日間隔で2～3回散布します。

また、潜行痕に褐色～黒色の土着寄生蜂の幼虫を確認したときには、天敵に影響のない殺虫剤を使用します。潜行痕のほとんどが土着寄生蜂の幼虫であれば、殺虫剤の散布は控えて、土着寄生蜂の働きを活用します。間引いた葉は発生源となるので圃場外に持ち出

作型	発生種	1	2	3	4	5	6	7	8	9	10	11	12
施設・露地（春まき）	栽培管理		○										
					○								
	マメハモグリバエ アシグロハモグリバエ												
施設・露地（夏まき）	栽培管理						○						
									○				
	マメハモグリバエ アシグロハモグリバエ												
施設・露地（秋～冬まき）	栽培管理									○			
		○											
	マメハモグリバエ アシグロハモグリバエ												

図Ⅳ-9　ホウレンソウにおけるハモグリバエの加害時期

注　○：播種，▭：収穫

し、ビニルフィルムを1枚かけて太陽熱消毒を行ない処分します。

防除効果については、黄色粘着板への誘殺数の変化と、葉の潜行痕の長さの変化で確認します。

収穫終了後

収穫終了後に施設内の雑草および残渣を取り除き、夏場では施設の開口部をすべて閉めきり、高温にすることで施設内に残ったハモグリバエを死滅させます。また、取り除いた残渣の上には、ビニルフィルムを1枚かけて太陽熱消毒を行ない、残渣中の幼虫を死滅させます。

冬場では、収穫を終えた1～2月の間に、雑草や残渣を完全に取り除き、成虫を施設内に封じ込めて餓死させるか、施設の開口部を全開にして、寒気にさらすことで成虫を死滅させます。

初発時

葉に産卵痕や潜行痕が現われます。また、施設内に設置した黄色粘着板への成虫の誘殺の有無についても確認します。発生を確認したときは、巻末の農薬表に示す殺虫剤を使用します。苗が小さい時期に発生を確認したときは、その多少にかかわらず殺虫剤を散布します。

潜行痕に褐色～黒色の土着寄生蜂の幼虫を確認したときには、天敵に影響の少ない殺虫剤を散布します。潜行痕のほとんどが土着寄生蜂の幼虫であれば、殺虫剤の散布は控えて、土着寄生蜂の働きを活用します。

多発時

1枚の葉に複数の潜行痕が見られ、成虫を葉上で見られるようになります。黄色粘着板へ誘殺される成虫数は、急激に増加します。このような発生状況の場合には、巻末の農薬表に示す殺虫剤を、7日間隔で2～3回連続で散布します。間引きした葉は必ず施設外へ持ち出し、ビニルフィルムを1枚かけて太陽熱消毒を行ない、残渣中の幼虫を死滅させます。

激発時

1枚の葉に多くの潜行痕が見られ、一部の葉は白化します。成虫は葉上で頻繁に見られるようになります。苗の段階で激発状態になると苗が枯死することがあります。黄色粘着板へ誘殺成虫数は、非常に多くなります。激発時には、巻末の農薬表に示す殺虫剤を7日間隔で2～3回連続で散布します。間引いた葉は必ず施設外へ持ち出し、ビニルフィルムを1枚かけて太陽熱消毒を行ない、残渣中の幼虫を死滅させます。

収穫終了後は、次作や周辺作物への被害を防ぐために、夏場では、施設の開口部をすべて閉めきり太陽熱消毒を行ないます。ハモグリバエが多発した残渣の上に、ビニルフィルムを1枚かけて太陽熱消毒を行ない、残渣中の幼虫を死滅させます。冬場では、成虫を施設内に封じ込めて餓死させるか、施設の開口部を全開にして、寒気にさらすことで成虫を死滅させます。

【露地栽培】

圃場管理

前作や隣接地ではトマトやキュウリなどのハモグリバエが発生する作物を栽培しないようにします。雑草はハモグリバエの発生源になるので、栽培前には圃場周辺を含めて除草を徹底します。

播種時

うねごとに目合い0・8㎜以下の防虫ネットでトンネル被覆をします。また、うね面にはマルチを行ない、土中で蛹になるのを防ぎます。

生育初期

苗の葉に産卵痕や潜行痕がないか観察し、発生を確認したときは、巻末の農薬表に示す殺虫剤を速やかに散布します。潜行痕に褐色～黒色の土着寄生蜂の幼虫を確認した場合には、天敵に影響の少ない殺虫剤を使用します。

生育～収穫時

葉に産卵痕および潜行痕がないか確認します。発生を確認したときには、巻末の農薬表に示す殺虫剤を速やかに散布します。一葉あたり複数の潜行痕の発生を認めたときには、7日間隔で2～3回散布します。

一方、潜行痕に褐色～黒色の土着寄生蜂の幼虫を確認したときには、天敵に影響の少ない殺虫剤を使用します。潜行痕のほとんどが土着寄生蜂の幼虫であれば、殺虫剤の散布は控えて、土着寄生蜂の働きを活用します。

防除効果については、葉の潜行痕の長さの変化で確認します。間引いた葉は発生源となるので圃場外に持ち出し、ビニルフィルムを1枚かけて太陽熱消毒を行ない処分します。

収穫終了後

収穫終了後に雑草および残渣を圃場外に持ち出して処分します。残渣の上には、ビニルフィルムを1枚かけて太陽熱消毒を行ない、残渣中の幼虫を死滅させます。

テンサイ

発生種…アシグロハモグリバエ
（〇…地域限定）

◆診断のポイント

葉の表面を観察し、小さな白い斑点もしくは白い筋状の潜行痕を探します。現在、わが国のテンサイで発生が確認されているハモグリバエは、アシグロハモグリバエのみです。

◆防除の実際

【露地栽培】

圃場管理

前作や隣接地ではトマトやキュウリなどのハモグリバエが発生する作物を栽培しないようにします。雑草は発生源になるので、栽培前には圃場周辺を含めて除草を徹底します。

播種時・定植時

育苗施設の開口部に目合い0・8㎜以下の防虫ネットを展張します。

生育初期

苗の葉に産卵痕（白い斑点）や潜行痕（白い筋）がないか観察し、発生を確認したときは、巻末の農薬表に示す殺虫剤を速やかに散布します。潜行痕に褐色～黒色の土着寄生蜂の幼虫を確認した場合には、天敵に影響の少ない殺虫剤を使用します。

生育～収穫時

葉に産卵痕および潜行痕がないか確認します。発生を確認したときには、巻末の農薬表に示す殺虫剤を速やかに散布します。一葉あたり複数の潜行痕の発生を認めたときには、7日間隔で

作型	発生種	1	2	3	4	5	6	7	8	9	10	11	12
移植栽培	栽培管理			○	―	◎	―	―	―	―	▭	▭	
	アシグロハモグリバエ							←	―	→			

図Ⅳ-10　テンサイにおけるハモグリバエの加害時期
注　○：播種，◎：定植，▭：収穫

2～3回散布しましょう。

一方、潜行痕に褐色～黒色の土着寄生蜂の幼虫を確認したときには、天敵に影響の少ない殺虫剤を使用します。潜行痕のほとんどが土着寄生蜂の幼虫であれば、殺虫剤の散布は控えて、土着寄生蜂の働きを活用します。

防除効果については、葉の潜行痕の長さの変化で確認します。

収穫終了後

収穫終了後に雑草および残渣を圃場外に持ち出して適切に処分します。

初発時

葉に産卵痕や潜行痕が現われます。発生を確認したときは、巻末の農薬表に示す殺虫剤を使用します。苗が小さい時期に発生を確認したときは、その多少にかかわらず殺虫剤を散布します。

潜行痕に褐色～黒色の土着寄生蜂の幼虫を確認したときには、天敵に影響の少ない殺虫剤を散布します。潜行痕のほとんどが土着寄生蜂の幼虫であれば、殺虫剤の散布は控えて、土着寄生蜂の働きを活用します。

多発時

1枚の葉に複数の潜行痕が見られ、成虫を葉上で見られるようになります。このような多発時には、巻末の農薬表に示す殺虫剤を7日間隔で2～3回連続で散布します。

激発時

1枚の葉に多くの潜行痕が見られ、一部の葉は白化します。成虫は葉上で頻繁に見られるようになります。苗の段階で激発状態になると、苗が枯死することがあります。激発時には、巻末の農薬表に示す殺虫剤を7日間隔で2～3回連続で散布します。

収穫終了後は、次作や周辺作物への被害を防ぐために、残渣を圃場外へ持ち出し適切に処分します。

インゲンマメ

発生種…トマトハモグリバエ（◎）、マメハモグリバエ（◎）、ナモグリバエ（○）

◆診断のポイント

葉の表面を観察し、小さな白い斑点もしくは白い筋状の潜行痕を探します。潜行痕が見つかったときは、口絵の「簡易識別フローチャート」に従い、潜行痕の形状や葉裏における蛹の有無により発生種を絞り込みます。

発生種がナモグリバエである場合には、インゲンマメではそれほど多発することはありませんので、防除を行なう必要はありません。しかし、発生種がトマトハモグリバエやマメハモグリバエの場合には、両種とも増殖能力が高いことから防除を行なう必要があります。

◆防除の実際

【露地栽培】

圃場管理

前作や隣接地ではトマトやキュウリなどハモグリバエが発生する作物を栽培しないようにします。雑草は発生源になるので、定植前に圃場周辺を含めて除草を徹底します。

播種時・定植時

自家育苗をするときは、育苗施設の開口部に目合い0・8㎜以下の防虫ネットを展張します。苗床にも防虫ネットをトンネル被覆します。

一方、購入苗を用いるときは、苗の葉に産卵痕（白い斑点）や潜行痕（白い筋、黄色の幼虫）が付いていないか観察を行ない、発見したときは被害葉を手で取り除くか、巻末の農薬表に示す殺虫剤を速やかに散布します。うね面にはマルチを行ない、土中で蛹になるのを防ぎます。

生育初期

苗の葉に産卵痕や潜行痕がないか観察します。発生を確認したときは、巻末の農薬表に示す殺虫剤を速やかに散布します。潜行痕に褐色～黒色の土着寄生蜂の幼虫を確認した場合には、天敵に影響の少ない殺虫剤を使用します。

生育～収穫時

葉に産卵痕および潜行痕がないか確認します。発生を確認したときには、巻末の農薬表に示す殺虫剤を速やかに散布します。もし、一葉あたり複数の潜行痕の発生を認めたときには、7日間隔で2～3回散布します。防除効果については、葉の潜行痕の長さの変化

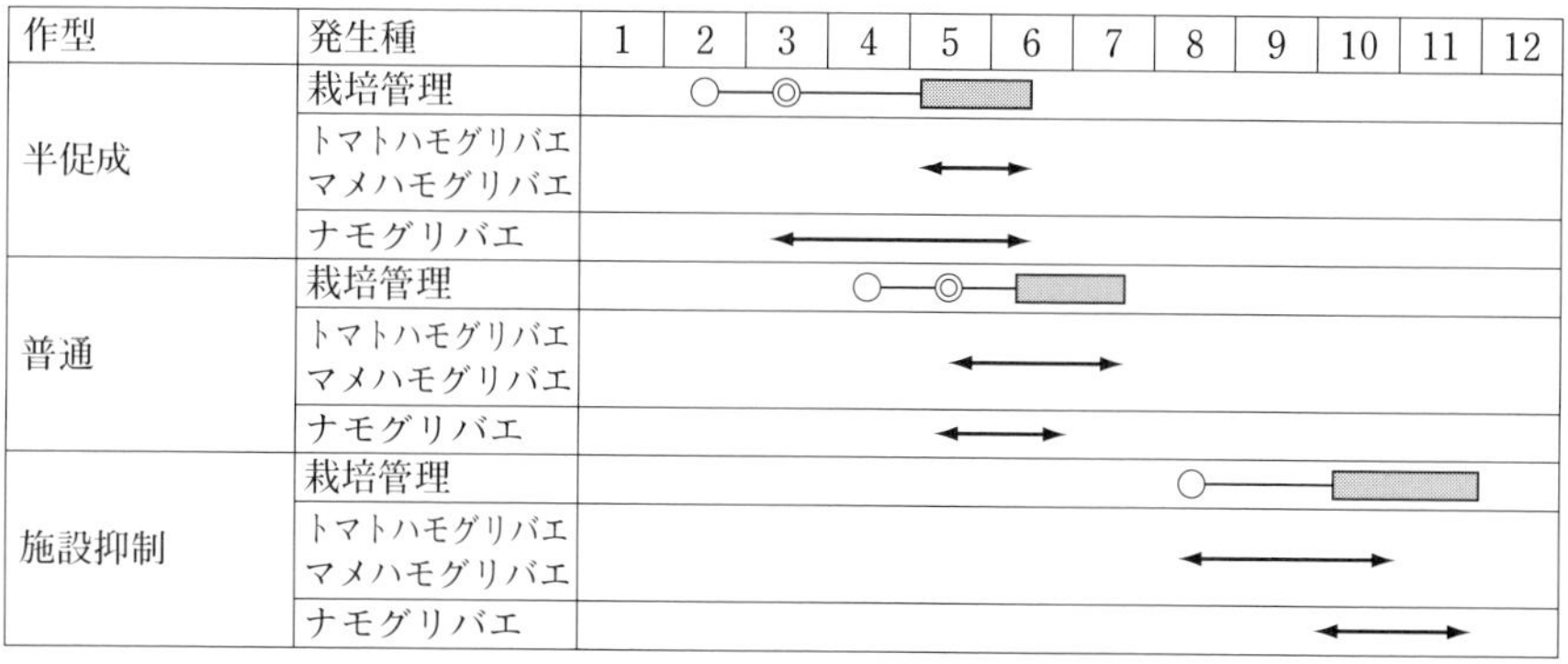

作型	発生種	1	2	3	4	5	6	7	8	9	10	11	12
半促成	栽培管理		○	◎		▨							
	トマトハモグリバエ マメハモグリバエ					←→							
	ナモグリバエ			←		→							
普通	栽培管理				○	◎	▨	▨					
	トマトハモグリバエ マメハモグリバエ					←		→					
	ナモグリバエ					←	→						
施設抑制	栽培管理								○		▨	▨	
	トマトハモグリバエ マメハモグリバエ								←		→		
	ナモグリバエ										←	→	

図Ⅳ-11　インゲンマメにおけるハモグリバエの加害時期

注　○：播種，◎：定植，▨：収穫

で確認します。

また、潜行痕に褐色～黒色の土着寄生蜂の幼虫を確認したときには、天敵に影響のない殺虫剤を使用します。潜行痕のほとんどが土着寄生蜂の幼虫であれば、殺虫剤の散布は控えて、土着寄生蜂の働きを最大限に活用します。

収穫終了後

収穫終了後に雑草および残渣を取り除き、取り除いた残渣の上にビニルフィルムを1枚かけて太陽熱消毒を行ない、残渣中の幼虫を死滅させます。

初発時

下葉を中心に産卵痕や潜行痕が現われます。発生を確認したときは、巻末の農薬表に示す殺虫剤を使用します。播種および定植直後に発生を確認したときは、その多少にかかわらず殺虫剤を散布します。

潜行痕に褐色～黒色の土着寄生蜂の幼虫を確認したときには、天敵に影響の少ない殺虫剤を散布します。潜行痕のほとんどが土着寄生蜂の幼虫であれば、殺虫剤の散布は控えて、土着寄生蜂の働きを活用します。

多発時

幼虫の発生部位は下葉から中および上位葉まで達し、成虫を葉上で見られるようになります。このような多発時には、巻末の農薬表に示す殺虫剤のうち、速効的なプレバソンフロアブル5、アファーム乳剤、ディアナSCなどを、7日間隔で2～3回連続で散布します。

激発時

幼虫の発生部位は下葉から上位葉まで拡がります。成虫は葉上で頻繁に見られるようになります。激発時には、巻末の農薬表に示す殺虫剤を7日間隔で2～3回連続で散布します。

収穫終了後は、次作や周辺作物への被害を防ぐために、ハモグリバエが多発した残渣の上にビニルフィルムを1枚かけて太陽熱消毒を行ない、残渣中の幼虫を死滅させます。

エンドウ

発生種…マメハモグリバエ（△）、ナモグリバエ（◎）

◆診断のポイント

下のほうの葉の表面を観察し、小さな白い斑点もしくは白い筋状の潜行痕を探します。潜行痕が見つかったときは、口絵の「簡易識別フローチャート」に従い、潜行痕の形状や葉裏における蛹の有無により、発生種を絞り込みます。また施設栽培では、施設の開口部の付近に黄色粘着板を数枚設置し、成虫の誘殺を観察します。

エンドウでは、10月から翌年7月頃まではナモグリバエが多く発生します。7～11月頃にマメハモグリバエが発生することもあります。

◆防除の実際

【施設栽培】

圃場管理

前作ではハモグリバエが発生する作物を栽培せず、同じ施設内でトマト、インゲンマメ、アブラナ科野菜などのハモグリバエが発生する作物を栽培しないようにします。播種前には、施設内の前作の残渣や雑草を取り除き、施設の開口部をすべて閉めきり、高温にすることで施設内に残ったハモグリバエを死滅させます。

また、近隣の圃場や家庭菜園でトマトなどハモグリバエの発生する植物が植えられていると、そこが発生源になります。発生源が近くにある場合には、そこから成虫が侵入しないように、開口部に目合い0・8㎜以下の防虫ネットを展張します。

播種時・定植時

自家育苗をするときは、育苗施設の開口部に目合い0・8㎜以下の防虫ネットを展張します。苗床に防虫ネットを張り、育苗期後半～定植時には巻末の農薬表に示す粒剤を処理します。なお、育苗は苗を定植する施設とは別の施設で行なうとよいでしょう。

一方、購入苗を用いるときは、苗の葉に産卵痕（白い斑点）や潜行痕（白い筋、黄色の幼虫）が付いていないか観察し、発見したときは被害葉を手で取り除くか、巻末の農薬表に示す殺虫剤を速やかに散布します。

定植後は、施設内に黄色粘着フィル

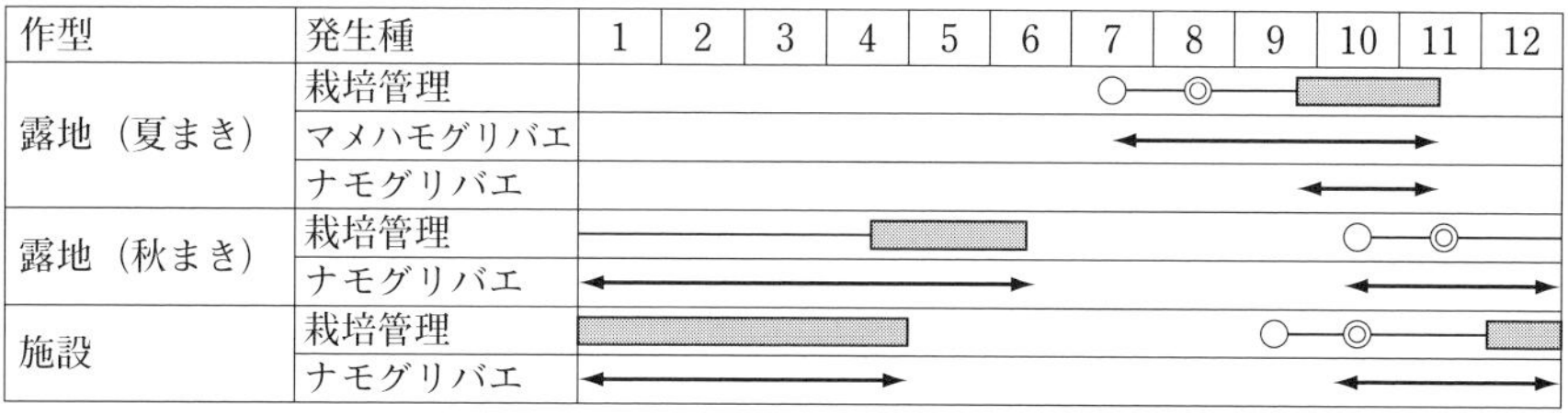

作型	発生種	1	2	3	4	5	6	7	8	9	10	11	12
露地（夏まき）	栽培管理							○	◎		■	■	
	マメハモグリバエ							↔	↔	↔	↔	↔	
	ナモグリバエ										↔	↔	
露地（秋まき）	栽培管理				■	■					○	◎	
	ナモグリバエ	↔	↔	↔	↔	↔	↔				↔	↔	↔
施設	栽培管理	■	■	■	■					○	◎		■
	ナモグリバエ	↔	↔	↔	↔						↔	↔	↔

図Ⅳ-12　エンドウにおけるハモグリバエの加害時期

注　○：播種，◎：定植，■：収穫

ムや大量の黄色粘着板を設置し、成虫を誘殺します。黄色粘着フィルムは横向き（地面と水平）に展張すると誘殺効率が高くなります。うね面にはマルチを行ない、土中で蛹になるのを防ぎます。

生育初期

葉に産卵痕や潜行痕がないか観察します。また、施設内に設置した黄色粘着板に成虫が誘殺されていないかについても確認します。いずれかで発生を確認したときは、巻末の農薬表に示す殺虫剤を速やかに散布します。潜行痕に褐色〜黒色の土着寄生蜂の幼虫を多数確認した場合には、天敵に影響の少ない殺虫剤を使用し、土着寄生蜂の働きを最大限活用します。ミドリヒメなどの生物農薬を使用する場合には、７日間隔で３〜４回放飼します。

生育〜収穫時

下葉を中心に産卵痕および潜行痕の有無、ならびに施設内に設置した黄色粘着板への成虫の誘殺の有無について確認します。発生を確認したときには、巻末の農薬表に示す殺虫剤を速やかに散布します。もし、一葉あたり複数の潜行痕の発生を認めたときには、７日間隔で２〜３回散布します。

また、潜行痕に褐色〜黒色の土着寄生蜂の幼虫を多数確認した場合には、天敵に影響の少ない殺虫剤を使用します。潜行痕のほとんどが土着寄生蜂の幼虫であれば、殺虫剤の散布は控えて、土着寄生蜂の働きを最大限活用します。生物農薬を使用する場合には、７日間隔で３〜４回放飼します。摘心残渣は、発生源となるので圃場外に持ち出して適切に処分します。

防除効果については、黄色粘着板への誘殺数の変化と、葉の潜行痕の長さの変化で確認します。

収穫終了後

収穫終了後に施設内の雑草および残渣を取り除き、施設の開口部をすべて閉めきり、高温にすることで施設内に残ったハモグリバエを死滅させます。

初発時

下葉を中心に産卵痕や潜行痕が現われるので、下葉を重点的に観察します。また、施設内に設置した黄色粘着板への成虫の誘殺の有無についても確認します。発生を確認したときは、巻末の農薬表に示す殺虫剤か生物農薬を使用します。

潜行痕に褐色〜黒色の土着寄生蜂の幼虫を確認したときには、天敵に影響の少ない殺虫剤を散布します。潜行痕のほとんどが土着寄生蜂の幼虫であれば、殺虫剤の散布は控えて、土着寄生蜂の働きを最大限活用します。ミドリヒメなどの生物農薬を使用する場合には、7日間隔で3～4回放飼します。生物農薬は、ハモグリバエが多発してから使用しても効果が弱いため、初発時に使用します。

多発時

幼虫の発生部位は下葉から中および上位葉まで達し、成虫を葉上で見られるようになります。黄色粘着板へ誘殺される成虫数は、急激に増加します。このような発生状況の場合には、巻末の農薬表に示す殺虫剤のうち、速効的なアファーム乳剤、スピノエース顆粒水和剤、ハチハチフロアブルなどを、7日間隔で2～3回連続で散布します。

生物農薬を使用する場合には、いったん、速効的な殺虫剤を用いてハモグリバエの発生密度を低下させてから使用します。摘心残渣は必ず施設外へ持ち出し、ビニルフィルムを1枚かけて太陽熱消毒を行ない、残渣中の幼虫を死滅させます。

激発時

幼虫の発生部位は下葉から上位葉まで拡がり、下葉は枯れ上がることがあります。成虫は葉上で頻繁に見られるようになります。黄色粘着板への誘殺成虫数は多くなります。激発時には、巻末の農薬表に示す殺虫剤のうち、速効的なアファーム乳剤、スピノエース顆粒水和剤、ハチハチフロアブルなどを7日間隔で2～3回連続で散布します。収穫終了後は、次作や周辺作物への被害を防ぐために、施設の開口部をすべて閉めきり太陽熱消毒を行ないます。

【露地栽培】

圃場管理

前作や隣接地ではハモグリバエ（ナモグリバエ）が発生するアブラナ科野菜などを栽培しないようにします。雑草はハモグリバエの発生源になるので、定植前に圃場周辺を含めて除草を徹底します。

播種時・定植時

自家育苗をするときは、育苗施設の開口部に目合い0.8㎜以下の防虫ネットを展張します。購入苗を用いるときは、苗にハモグリバエが発生していないか確認します。うね面にはマルチを行ない、土中で蛹になるのを防ぎます（【施設栽培】を参照）。

生育初期

苗の葉に産卵痕や潜行痕がないか観察し、発生を確認したときは、巻末の農薬表に示す殺虫剤を速やかに散布します。潜行痕に褐色～黒色の土着寄生蜂の幼虫を確認した場合には、天敵に影響の少ない殺虫剤を使用します。

生育～収穫時

下葉を中心に産卵痕および潜行痕の有無を確認します。発生を確認したときには、巻末の農薬表に示す殺虫剤を速やかに散布しますが、潜行痕に褐色～黒色の土着寄生蜂の幼虫を多数確認したときには、殺虫剤の散布は控えて、土着寄生蜂の働きを活用します。

防除効果については、葉の潜行痕の長さの変化で確認します。摘心残渣は発生源となるので圃場外に持ち出し、ビニルフィルムを1枚かけて太陽熱消毒を行ない処分します。

収穫終了後

収穫終了後に雑草および残渣を圃場の外に持ち出し、その上にビニルフィルムを1枚かけて太陽熱消毒を行ないます。

家庭菜園（トマト・キュウリ・ナス・ネギ）

発生種…トマトハモグリバエ（◎…トマト、キュウリ、ナス）、マメハモグリバエ（○…トマト、ナス）、ナスハモグリバエ（○…トマト）、ネギハモグリバエ（◎…ネギ）、ナモグリバエ（△…キュウリ、ナス、ネギ）、アシグロハモグリバエ（○…地域限定、トマト、キュウリ、ネギ）

◆診断のポイント

下のほうの葉の表面を観察し、小さな白い斑点もしくは白い筋状の潜行痕を探します。潜行痕が見つかったときは、口絵の「簡易識別フローチャート」に従い、潜行痕の形状や葉裏における蛹の有無により、発生種を絞り込みます。

家庭菜園のトマト、キュウリ、ナスでは、トマトハモグリバエ、マメハモグリバエ、ナスハモグリバエ、ナモグリバエ、アシグロハモグリバエが主に発生しますが、発生種がナモグリバエのときは防除を行なう必要はありません。ネギでは、ネギハモグリバエが発生します。

◆防除の実際

【露地栽培】

圃場管理

近隣の圃場や家庭菜園でトマトなどハモグリバエの発生する植物が植えられていると、そこが発生源になります。発生源が近くにある場合には、発生に注意します。また、雑草は発生源になるので、定植前に圃場周辺を含めて除草を徹底します。

播種時・定植時

苗の葉に産卵痕（白い斑点）や潜行痕（白い筋、黄色の幼虫）が付いていないか観察を行ない、発見したときは被害葉を手で取り除くか、巻末の農薬表に示す殺虫剤を速やかに散布します。

生育初期

葉に産卵痕や潜行痕がないか観察します。発生を確認したときは、被害葉を手で取り除くか、巻末の農薬表に示す殺虫剤を速やかに散布します。潜行痕に褐色〜黒色の土着寄生蜂の幼虫を確認した場合には、被害葉は取り除かず、殺虫剤の散布は控えます。

生育〜収穫時

下葉を中心に産卵痕および潜行痕の有無について確認します。発生を確認したときは、被害葉を手で取り除くか、巻末の農薬表に示す殺虫剤を速やかに散布します。

潜行痕に褐色〜黒色の土着寄生蜂の幼虫を多数確認した場合には、被害葉は取り除かず、殺虫剤の散布は控えて、土着寄生蜂の働きを活用します。摘葉残渣は発生源となるので、圃場外に持ち出してビニル袋に入れるなど適切に処分します。

防除効果については、葉の潜行痕の長さの変化で確認します。

収穫終了後

収穫終了後に雑草および残渣を取り除き、その上にビニルフィルムを1枚かけて太陽熱消毒を行ない、残渣中の幼虫を死滅させます。

初発時

下葉を中心に産卵痕や潜行痕が現われます。発生を確認したときは、被害葉を手で取り除くか、巻末の農薬表に示す殺虫剤を使用します。

潜行痕に褐色〜黒色の土着寄生蜂の幼虫を多数確認したときには、被害葉は取り除かず、殺虫剤の散布は控えて、土着寄生蜂の働きを活用します。

多発時

幼虫の発生部位は下葉から中および上位葉まで達します。このような発生状況の場合には、巻末の農薬表に示す殺虫剤を散布します。摘葉残渣は、ビニル袋に入れるなどして適切に処分します。

激発時

幼虫の発生部位は下葉から上位葉まで拡がり、下葉は枯れ上がることがあります。成虫は葉上で頻繁に見られるようになります。苗の段階で激発状態になると苗が枯死することがあります。激発時には巻末の農薬表に示す殺虫剤を、7日間隔で2〜3回連続で散布します。摘葉残渣は、ビニル袋に入れるなどして適切に処分します。

収穫終了後は、次作や周辺作物への

被害を防ぐために、ハモグリバエが多発した残渣の上にビニルフィルムを1枚かけて太陽熱消毒を行ない、残渣中の幼虫を死滅させます。

キク

発生種…トマトハモグリバエ（○）、マメハモグリバエ（◎）、ナモグリバエ（△）

◆診断のポイント

　下のほうの葉の表面を観察し、小さな白い斑点もしくは白い筋状の潜行痕を探します。潜行痕が見つかったときは、口絵の「簡易識別フローチャート」に従い、潜行痕の形状や葉裏における蛹の有無により発生種を絞り込みます。また施設栽培では、施設の開口部の付近に黄色粘着板を数枚設置し、成虫の誘殺を観察します。

　キクではマメハモグリバエとトマトハモグリバエが多く発生します。また、5～7月にかけては、ナモグリバエが下の葉で発生することがありますが、キクにおいて本種が多発することはほとんどありませんので、発生種がナモグリバエのときは防除を行なう必要はありません。

◆防除の実際

【施設栽培】

圃場管理

　前作ではハモグリバエが発生する作物を栽培せず、同じ施設内でトマト、インゲンマメなどのハモグリバエが発生する作物を栽培しないようにします。秋ギクおよび寒ギク栽培では、さし芽前の5～7月に施設内の雑草を取り除き、施設の開口部をすべて閉めきり、高温にすることで施設内のハモグリバエを死滅させます。夏ギクおよび夏秋ギク栽培では、定植前の10～11月の間に、前作の残渣や雑草を完全に取り除いて、成虫を施設内に封じ込めて餓死させます。

　親株の育成は、苗を定植する施設とは別の施設で行ないます。

　近隣の圃場や家庭菜園でトマトなどハモグリバエの発生する植物が植えられていると、そこが発生源になります。発生源が近くにある場合には、そこから成虫が侵入しないように、施設の開口部に目合い0・8㎜以下の防虫ネットを展張します。

播種時・定植時

　育苗施設の開口部に目合い0・8㎜以下の防虫ネットを展張します。育苗期後半～定植時には、巻末の農薬表に示す灌注剤または粒剤を処理します。なお、育苗は親株を育成する施設とは

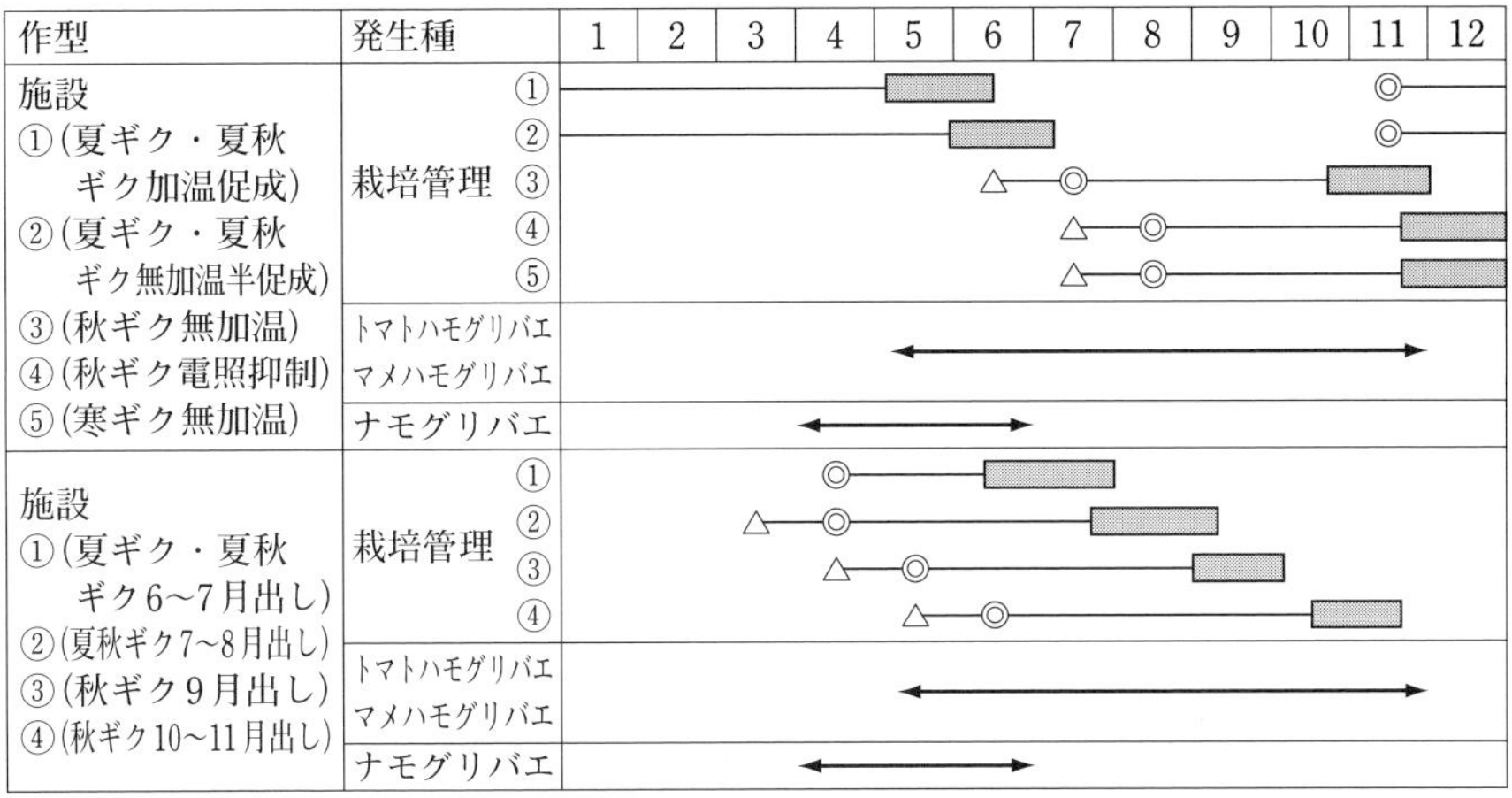

作型	発生種
施設 ①(夏ギク・夏秋ギク加温促成) ②(夏ギク・夏秋ギク無加温半促成) ③(秋ギク無加温) ④(秋ギク電照抑制) ⑤(寒ギク無加温)	栽培管理 ①②③④⑤
	トマトハモグリバエ マメハモグリバエ
	ナモグリバエ
施設 ①(夏ギク・夏秋ギク6～7月出し) ②(夏秋ギク7～8月出し) ③(秋ギク9月出し) ④(秋ギク10～11月出し)	栽培管理 ①②③④
	トマトハモグリバエ マメハモグリバエ
	ナモグリバエ

図Ⅳ-13　キクにおけるハモグリバエの加害時期

注　△：仮植，◎：定植，▭：収穫

別の施設で行なうとよいでしょう。

定植後は、施設内に黄色粘着フィルムや大量の黄色粘着板を設置し、成虫を誘殺します。黄色粘着フィルムは横向き（地面と水平）に展張すると誘殺効率が高くなります。うね面にはマルチを行ない、土中で蛹になるのを防ぎます。

生育初期

苗の葉に産卵痕（白い斑点）や潜行痕（白い筋）がないか観察します。また、施設内に設置した黄色粘着板に成虫が誘殺されていないかについても確認します。いずれかで発生を確認したときは、巻末の農薬表に示す殺虫剤を速やかに散布します。潜行痕に褐色～黒色の土着寄生蜂の幼虫を確認した場合には、天敵に影響の少ない殺虫剤を使用します。

生育～収穫時

下葉を中心に産卵痕および潜行痕の有無、ならびに施設内に設置した黄色粘着板への成虫の誘殺の有無について確認します。発生を確認したときには、巻末の農薬表に示す殺虫剤を速やかに散布します。もし、一葉あたり複数の潜行痕の発生を認めたときには、７日間隔で２～３回散布しましょう。また、潜行痕に褐色～黒色の土着寄生蜂の幼虫を確認したときには、天敵に影響のない殺虫剤を使用します。

防除効果については、黄色粘着板への誘殺数の変化と、葉の潜行痕の長さの変化で確認します。

収穫終了後

秋ギクおよび寒ギクでは、収穫終了後の12～2月の間に、雑草や残渣を完全に取り除き、成虫を施設内に封じ込めて餓死させるか、施設の開口部を全開にして、寒気にさらすことで成虫を死滅させます。

夏ギクおよび夏秋ギクでは、収穫終了後に施設内の雑草および残渣を取り除き、施設の開口部をすべて閉めきり、高温にすることで施設内に残ったハモグリバエを死滅させます。また、取り除いた残渣の上には、ビニルフィルムを１枚かけて太陽熱消毒を行ない、残渣中の幼虫を死滅させます。

初発時

下葉を中心に産卵痕や潜行痕が現われるので、下葉を重点的に観察します。また、施設内に設置した黄色粘着板への成虫の誘殺の有無についても確認します。発生を確認したときは、巻末の農薬表に示す殺虫剤を使用します。育苗期に発生を確認したときは、その多少にかかわらず殺虫剤を散布します。潜行痕に褐色～黒色の土着寄生蜂の幼虫を確認したときには、天敵に影響の少ない殺虫剤を散布します。

多発時

幼虫の発生部位は下葉から中および上位葉まで達し、成虫を葉上で見られるようになります。黄色粘着板へ誘殺される成虫数は、急激に増加します。このような発生状況の場合には、巻末の農薬表に示す殺虫剤のうち、速効的なアファーム乳剤、トリガード液剤、ディアナＳＣなどを、７日間隔で２～３回連続で散布します。

激発時

幼虫の発生部位は下葉から上位葉まで拡がります。成虫は葉上で頻繁に見られるようになります。苗の段階で激発状態になると、苗が枯死することがあります。黄色粘着板への誘殺成虫数は多くなります。激発時には巻末の農薬表に示す殺虫剤のうち、速効的なアファーム乳剤、トリガード液剤、ディアナＳＣなどを、７日間隔で２～３回連続で散布します。

収穫終了後は、次作や周辺作物への被害を防ぐために、秋ギクおよび寒ギク栽培では、成虫を施設内に封じ込めて餓死させるか、施設の開口部を全開にして、寒気にさらすことで成虫を死滅させます。夏ギクおよび夏秋ギク栽培では、施設の開口部をすべて閉めきり太陽熱消毒を行ないます。ハモグリバエが多発した残渣の上にビニルフィルムを１枚かけて太陽熱消毒を行ない、残渣中の幼虫を死滅させます。

【露地栽培】

圃場管理

前作ではハモグリバエが発生する作物を栽培せず、隣接地ではできる限りトマトやインゲンマメなどのハモグリバエが発生する作物を栽培しないようにします。雑草は発生源になるので、定植前に圃場周辺を含めて除草を徹底します。

播種時・定植時

育苗施設の開口部に目合い0.8mm以下の防虫ネットを展張します（【施設栽培】を参照）。苗床に防虫ネットをトンネル被覆してもよいです。

うね面にはマルチを行ない、土中で蛹になるのを防ぎます。

生育初期

苗の葉に産卵痕や潜行痕がないか観察し、発生を確認したときは、巻末の農薬表に示す殺虫剤を速やかに散布します。潜行痕に褐色～黒色の土着寄生蜂の幼虫を確認した場合には、天敵に影響の少ない殺虫剤を使用します。発生がわずかであれば手で被害葉を取り除きます。

生育～収穫時

下葉を中心に産卵痕および潜行痕の有無を確認します。発生を確認したときには、巻末の農薬表に示す殺虫剤を速やかに散布します。一葉あたり複数の潜行痕の発生を認めたときには、7日間隔で2～3回散布します。

一方、潜行痕に褐色～黒色の土着寄生蜂の幼虫を確認したときには、天敵に影響の少ない殺虫剤を使用します。

防除効果については、葉の潜行痕の長さの変化で確認します。

収穫終了後

収穫終了後に雑草および残渣を圃場外に持ち出して処分します。残渣の上には、ビニルフィルムを1枚かけて太陽熱消毒を行ない、残渣中の幼虫を死滅させます。

ガーベラ

発生種：トマトハモグリバエ（△）、マメハモグリバエ（○）

◆診断のポイント

下のほうの葉の表面を観察し、小さな白い斑点もしくは白い筋状の潜行痕を探します。潜行痕が見つかったときは、口絵の「簡易識別フローチャート」に従い、潜行痕の形状により、発生種を絞り込みます。施設の開口部付近には黄色粘着板を数枚設置し、成虫の誘殺を観察します。

ガーベラでは、トマトハモグリバエとマメハモグリバエが多く発生します。

◆防除の実際

【施設栽培】

圃場管理

前作および同じ施設内ではトマト、

インゲンマメなどのハモグリバエが発生する作物を栽培しないようにします。夏場（6～8月）に定植を行なう場合には、定植前に施設の開口部をすべて閉めきり、高温にすることで施設内のハモグリバエを死滅させます。

近隣の圃場や家庭菜園でトマトなどハモグリバエの発生する植物が植えられていると、そこが発生源になります。発生源が近くにある場合には、そこから成虫が侵入しないように、施設の開口部に目合い0・8㎜以下の防虫ネットを展張します。

播種時・定植時

施設の開口部に目合い0・8㎜以下の防虫ネットを展張します。育苗期後半～定植時には、巻末の農薬表に示す灌注剤または粒剤を処理します。

定植後は、施設内に黄色粘着フィルムや大量の黄色粘着板を設置し、成虫を誘殺します。黄色粘着フィルムは横向き（地面と水平）に展張すると誘殺効率が高くなります。

生育初期

苗の葉に産卵痕（白い斑点）や潜行痕（白い筋）がないか観察します。また、施設内に設置した黄色粘着板に成虫が誘殺されていないかについても確認します。いずれかで発生を確認したときは、巻末の農薬表に示す殺虫剤を散布します。潜行痕に褐色～黒色の土着寄生蜂の幼虫を確認した場合には、天敵に影響の少ない殺虫剤を使用します。

生育～収穫時

下葉を中心に産卵痕および潜行痕の有無、ならびに施設内に設置した黄色粘着板への成虫の誘殺の有無について確認します。発生を確認したときには、巻末の農薬表に示す殺虫剤を速やかに散布します。もし、一葉あたり複数の潜行痕の発生を認めたときには、7日間隔で2～3回散布します。

また、潜行痕に褐色～黒色の土着寄生蜂の幼虫を確認したときには、天敵に影響のない殺虫剤を使用します。

防除効果については、黄色粘着板への誘殺数の変化と、葉の潜行痕の長さの変化で確認します。

収穫終了後

施設内の雑草や残渣を完全に取り除き、夏場（6～9月）であれば、施設の開口部をすべて閉めきり、高温にすることで施設内に残ったハモグリバエを死滅させます。

冬場（12～2月）であれば、成虫を施設内に封じ込めて餓死させるか、施設の開口部を全開にして、寒気にさらすことで成虫を死滅させます。

また、取り除いた雑草や残渣の上には、ビニルフィルムを1枚かけて太陽熱消毒を行ない、残渣中の幼虫を死滅させます。

初発時

下葉を中心に産卵痕や潜行痕が現われるので、下葉を重点的に観察します。また、施設内に設置した黄色粘着板への成虫の誘殺の有無についても確認します。発生を確認したときは、巻末の農薬表に示す殺虫剤を使用します。育苗期に発生を確認したときは、その多少にかかわらず殺虫剤を散布します。潜行痕に褐色~黒色の土着寄生蜂の幼虫を確認したときには、天敵に影響の少ない殺虫剤を散布します。

多発時

幼虫の発生部位は株全体の葉に達します。黄色粘着板へ誘殺される成虫数は、急激に増加します。このような発生状況の場合には、巻末の農薬表に示す殺虫剤のうち、速効的なアファーム乳剤、トリガード液剤、ディアナSCなどを、7日間隔で2~3回連続で散布します。

激発時

幼虫の発生部位は株全体の葉に拡がります。成虫は葉上で頻繁に見られるようになり、黄色粘着板への誘殺成虫数も多くなります。激発時には、巻末の農薬表に示す殺虫剤のうち、速効的なアファーム乳剤、トリガード液剤、ディアナSCなどを、7日間隔で2~3回連続で散布します。

収穫終了後は、次作や周辺作物への被害を防ぐために、夏場（6~9月）では、施設の開口部をすべて閉めきり太陽熱消毒を行なうことで、施設内に残ったハモグリバエを死滅させます。冬場（12~2月）であれば、成虫を施設内に封じ込めて餓死させるか、施設の開口部を全開にして、寒気にさらすことで成虫を死滅させます。

品目別 農薬表

＊収録した農薬情報は2017年12月31日現在。
農薬使用時には、必ず最新の農薬登録をご確認ください。
表中《　》内は農薬の系統名とIRACコード。
《UN》は作用機構が不明あるいは不明確な剤。

〈収録品目〉

農薬表　本文

トマト・ミニトマト①

商品名	一般名	使用倍数・量	使用時期	使用回数	使用方法	適用作物・害虫
《ジアミド系(28)》						
プレバソン粒剤	クロラントラニリプロール粒剤	1g/株	育苗期後半～定植時	1回	株元散布	トマトのみ:ハモグリバエ類
プレバソンフロアブル5	クロラントラニリプロール水和剤	1000～2000倍(ミニトマトは2000倍)・100～300ℓ/10a	収穫前日まで	3回以内	散布	ハモグリバエ類
プレバソンフロアブル5	クロラントラニリプロール水和剤	100倍・25mℓ/株	育苗期後半～定植当日	1回	灌注	ハモグリバエ類
プレバソンフロアブル5	クロラントラニリプロール水和剤	200倍・50mℓ/株	育苗期後半～定植当日	1回	灌注	ハモグリバエ類
プリロッソ粒剤	シアントラニリプロール粒剤	2g/株	育苗期後半～定植時	1回	株元散布	ハモグリバエ類
ベネビアOD	シアントラニリプロール水和剤	2000倍・100～300ℓ/10a	収穫前日まで	3回以内	散布	ハモグリバエ類
ベリマークSC	シアントラニリプロール水和剤	400倍・25mℓ/株	育苗期後半～定植当日	1回	灌注	ハモグリバエ類
ベリマークSC	シアントラニリプロール水和剤	800倍・50mℓ/株	育苗期後半～定植当日	1回	灌注	ハモグリバエ類
《スピノシン系(5)》						
スピノエース顆粒水和剤	スピノサド水和剤	5000倍・100～300ℓ/10a	収穫前日まで	2回以内	散布	ハモグリバエ類
ディアナSC	スピネトラム水和剤	2500～5000倍・100～300ℓ/10a	収穫前日まで	2回以内	散布	ハモグリバエ類
《アベルメクチン・ミルベマイシン系(6)》						
アファーム乳剤	エマメクチン安息香酸塩乳剤	2000倍・100～300ℓ/10a	収穫前日まで	5回以内	散布	マメハモグリバエ
コロマイト乳剤	ミルベメクチン乳剤	1500倍・100～300ℓ/10a	収穫前日まで	2回以内	散布	ハモグリバエ類
アニキ乳剤	レピメクチン乳剤	2000倍・100～300ℓ/10a	収穫前日まで	3回以内	散布	ハモグリバエ類
《METI系(21A)》						
ハチハチ乳剤	トルフェンピラド乳剤	1000倍・100～300ℓ/10a	収穫前日まで	2回以内	散布	トマトのみ:ハモグリバエ類
《ネオニコチノイド系(4A)》						
モスピラン粒剤	アセタミプリド粒剤	1g/株	定植時	1回	植穴土壌混和	トマトハモグリバエ
ダントツ粒剤	クロチアニジン粒剤	2g/株(マメハモグリバエは1～2g/株)	定植時	1回	植穴土壌混和	トマトハモグリバエ、マメハモグリバエ
ダントツ水溶剤	クロチアニジン水溶剤	2000倍・100～300ℓ/10a	収穫前日まで	3回以内	散布	ハモグリバエ類
スタークル/アルバリン粒剤	ジノテフラン粒剤	1～2g/株	育苗期	1回	株元散布	ハモグリバエ類
スタークル/アルバリン粒剤	ジノテフラン粒剤	1～2g/株	定植時	1回	植穴土壌混和	ハモグリバエ類
アクタラ粒剤	チアメトキサム粒剤	1～2g/株	定植時	1回	植穴土壌混和	ハモグリバエ類
ベストガード粒剤	ニテンピラム粒剤	2g/株	定植時	1回	植穴土壌混和	マメハモグリバエ
《シロマジン(17)》						
トリガード液剤	シロマジン液剤	1000倍・100～300ℓ/10a	収穫前日まで	3回以内(ミニトマトは2回以内)	散布	ハモグリバエ類
《ベンゾイル尿素系(15)》						
カウンター乳剤	ノバルロン乳剤	2000倍・100～300ℓ/10a	1番花の開花まで	4回以内	散布	ハモグリバエ類
カスケード乳剤	フルフェノクスロン乳剤	2000倍(マメハモグリバエは2000～4000倍)・100～300ℓ/10a	収穫前日まで	4回以内(ミニトマトは2回以内)	散布	トマトハモグリバエ、マメハモグリバエ
マッチ乳剤	ルフェヌロン乳剤	1000倍・100～300ℓ/10a	収穫前日まで	4回以内	散布	トマトのみ:ハモグリバエ類

トマト・ミニトマト②

商品名	一般名	使用倍数・量	使用時期	使用回数	使用方法	適用作物・害虫
《UN》						
プレオフロアブル	ピリダリル水和剤	1000倍・100〜300ℓ/10a	収穫前日まで	2回以内	散布	ハモグリバエ類
《混合系》						
アベイル粒剤	アセタミプリド・シアントラニリプロール粒剤	2g/株	育苗期後半〜定植当日	1回以内	株元散布	トマトのみ:ハモグリバエ類
アファームエクセラ顆粒水和剤	エマメクチン安息香酸塩・ルフェヌロン水和剤	1500倍・100〜300ℓ/10a	収穫前日まで	2回以内	散布	ハモグリバエ類
ミネクトデュオ粒剤	シアントラニリプロール・チアメトキサム粒剤	2g/株	鉢上時〜育苗期後半	1回以内	株元散布	トマトのみ:ハモグリバエ類
《生物農薬》						
ヒメトップ	イサエアヒメコバチ	2〜8ボトル(200〜800頭)/10a	発生初期	—	放飼	野菜類(施設栽培):ハモグリバエ類
ミドリヒメ	ハモグリミドリヒメコバチ	100頭/10a	発生初期	—	放飼	野菜類(施設栽培):ハモグリバエ類

キュウリ①

商品名	一般名	使用倍数・量	使用時期	使用回数	使用方法	適用作物・害虫
《ジアミド系(28)》						
プレバソン粒剤	クロラントラニリプロール粒剤	1g/株	育苗期後半〜定植時	1回	株元散布	ハモグリバエ類
プレバソンフロアブル5	クロラントラニリプロール水和剤	1000〜2000倍・100〜300ℓ/10a	収穫前日まで	3回以内	散布	ハモグリバエ類
プレバソンフロアブル5	クロラントラニリプロール水和剤	100〜200倍・25mℓ/株	育苗期後半〜定植当日	1回	灌注	ハモグリバエ類
プレバソンフロアブル5	クロラントラニリプロール水和剤	200倍・50mℓ/株	育苗期後半〜定植当日	1回	灌注	ハモグリバエ類
《スピノシン系(5)》						
スピノエース顆粒水和剤	スピノサド水和剤	5000倍・100〜300ℓ/10a	収穫前日まで	2回以内	散布	ハモグリバエ類
ディアナSC	スピネトラム水和剤	2500〜5000倍・100〜300ℓ/10a	収穫前日まで	2回以内	散布	ハモグリバエ類
《アベルメクチン・ミルベマイシン系(6)》						
アファーム乳剤	エマメクチン安息香酸塩乳剤	2000倍・100〜300ℓ/10a	収穫前日まで	2回以内	散布	トマトハモグリバエ
コロマイト乳剤	ミルベメクチン乳剤	1000倍・100〜300ℓ/10a	収穫前日まで	2回以内	散布	ハモグリバエ類
《ネオニコチノイド系(4A)》						
スタークル/アルバリン粒剤	ジノテフラン粒剤	2g/株	育苗期	1回	株元散布	ハモグリバエ類
スタークル/アルバリン粒剤	ジノテフラン粒剤	2g/株	定植時	1回	植穴土壌混和	ハモグリバエ類
アクタラ粒剤5	チアメトキサム粒剤	1g/株	定植時	1回	植穴土壌混和	トマトハモグリバエ
《ベンゾイル尿素系(15)》						
カスケード乳剤	フルフェノクスロン乳剤	2000倍・100〜300ℓ/10a	収穫前日まで	4回以内	散布	トマトハモグリバエ
《ピレスロイド・ピレトリン系(3A)》						
アグロスリン乳剤	シペルメトリン乳剤	1000倍・100〜300ℓ/10a	収穫前日まで	5回以内	散布	トマトハモグリバエ
《UN》						
プレオフロアブル	ピリダリル水和剤	1000倍・100〜300ℓ/10a	収穫前日まで	2回以内	散布	ハモグリバエ類

キュウリ②

商品名	一般名	使用倍数・量	使用時期	使用回数	使用方法	適用作物・害虫
《混合系》						
ボリアムガンダム顆粒水和剤	エマメクチン安息香酸塩・クロラントラニリプロール水和剤	2000倍・100〜300ℓ/10a	収穫前日まで	2回以内	散布	トマトハモグリバエ
ミネクトデュオ粒剤	シアントラニリプロール・チアメトキサム粒剤	2g/株	鉢上時〜育苗期後半	1回以内	株元散布	トマトハモグリバエ
《生物農薬》						
ヒメトップ	イサエアヒメコバチ	2〜8ボトル(200〜800頭)/10a	発生初期	—	放飼	野菜類(施設栽培):ハモグリバエ類
ミドリヒメ	ハモグリミドリヒメコバチ	100頭/10a	発生初期	—	放飼	野菜類(施設栽培):ハモグリバエ類

メロン①

商品名	一般名	使用倍数・量	使用時期	使用回数	使用方法	適用作物・害虫
《ジアミド系(28)》						
プレバソンフロアブル5	クロラントラニリプロール水和剤	2000倍・100〜300ℓ/10a	収穫前日まで	3回以内	散布	ハモグリバエ類
《スピノシン系(5)》						
スピノエース顆粒水和剤	スピノサド水和剤	5000倍・100〜300ℓ/10a	収穫前日まで	2回以内	散布	ハモグリバエ類
ディアナSC	スピネトラム水和剤	2500〜5000倍・100〜300ℓ/10a	収穫前日まで	2回以内	散布	ハモグリバエ類
《アベルメクチン・ミルベマイシン系(6)》						
アファーム乳剤	エマメクチン安息香酸塩乳剤	2000倍・100〜300ℓ/10a	収穫前日まで	2回以内	散布	ハモグリバエ類
コロマイト乳剤	ミルベメクチン乳剤	1000倍・100〜300ℓ/10a	収穫前日まで	2回以内	散布	ハモグリバエ類
アニキ乳剤	レピメクチン乳剤	2000倍・100〜300ℓ/10a	収穫前日まで	4回以内	散布	ハモグリバエ類
《ネオニコチノイド系(4A)》						
ダントツ粒剤	クロチアニジン粒剤	2g/株	定植時	1回	植穴土壌混和	トマトハモグリバエ
ダントツ水溶剤	クロチアニジン水溶剤	2000倍・100〜300ℓ/10a	収穫前日まで	3回以内	散布	トマトハモグリバエ
スタークル/アルバリン粒剤	ジノテフラン粒剤	2g/株	育苗期	1回	株元散布	ハモグリバエ類
スタークル/アルバリン粒剤	ジノテフラン粒剤	2g/株	定植時	1回	植穴土壌混和	ハモグリバエ類
アクタラ顆粒水溶剤	チアメトキサム水溶剤	2000倍・150〜300ℓ/10a	収穫前日まで	3回以内	散布	トマトハモグリバエ
アクタラ粒剤5	チアメトキサム粒剤	2g/株	定植時	1回	植穴土壌混和	ハモグリバエ類
《シロマジン(17)》						
トリガード液剤	シロマジン液剤	1000倍・100〜300ℓ/10a	収穫前日まで	3回以内	散布	トマトハモグリバエ
《ベンゾイル尿素系(15)》						
カスケード乳剤	フルフェノクスロン乳剤	2000倍・100〜300ℓ/10a	収穫7日前まで	3回以内	散布	トマトハモグリバエ
《ピレスロイド・ピレトリン系(3A)》						
アグロスリン乳剤	シペルメトリン乳剤	1000倍・100〜300ℓ/10a	収穫前日まで	5回以内	散布	トマトハモグリバエ
《UN》						
プレオフロアブル	ピリダリル水和剤	1000倍・100〜300ℓ/10a	収穫前日まで	2回以内	散布	ハモグリバエ類

メロン②

商品名	一般名	使用倍数・量	使用時期	使用回数	使用方法	適用作物・害虫
《混合系》						
ポリアムガンダム顆粒水和剤	エマメクチン安息香酸塩・クロラントラニリプロール水和剤	2000倍・100～300ℓ/10a	収穫前日まで	2回以内	散布	トマトハモグリバエ
《生物農薬》						
ヒメトップ	イサエアヒメコバチ	2～8ボトル(200～800頭)/10a	発生初期	—	放飼	野菜類(施設栽培):ハモグリバエ類
ミドリヒメ	ハモグリミドリヒメコバチ	100頭/10a	発生初期	—	放飼	野菜類(施設栽培):ハモグリバエ類

ナス①

商品名	一般名	使用倍数・量	使用時期	使用回数	使用方法	適用作物・害虫
《ジアミド系(28)》						
プレバソン粒剤	クロラントラニリプロール粒剤	1g/株	育苗期後半～定植時	1回	株元散布	ハモグリバエ類
プレバソンフロアブル5	クロラントラニリプロール水和剤	1000～2000倍・100～300ℓ/10a	収穫前日まで	2回以内	散布	ハモグリバエ類
プレバソンフロアブル5	クロラントラニリプロール水和剤	100倍・25mℓ/株	育苗期後半～定植当日	1回	灌注	ハモグリバエ類
プレバソンフロアブル5	クロラントラニリプロール水和剤	200倍・50mℓ/株	育苗期後半～定植当日	1回	灌注	ハモグリバエ類
《スピノシン系(5)》						
ディアナSC	スピネトラム水和剤	2500～5000倍・100～300ℓ/10a	収穫前日まで	2回以内	散布	ハモグリバエ類
《アベルメクチン・ミルベマイシン系(6)》						
アファーム乳剤	エマメクチン安息香酸塩乳剤	2000倍・100～300ℓ/10a	収穫前日まで	2回以内	散布	マメハモグリバエ
コロマイト乳剤	ミルベメクチン乳剤	1500倍・100～300ℓ/10a	収穫前日まで	2回以内	散布	ハモグリバエ類
アニキ乳剤	レピメクチン乳剤	2000倍・100～300ℓ/10a	収穫前日まで	3回以内	散布	ハモグリバエ類
《METI系(21A)》						
ハチハチ乳剤	トルフェンピラド乳剤	1000～2000倍・100～300ℓ/10a	収穫前日まで	2回以内	散布	マメハモグリバエ
ハチハチフロアブル	トルフェンピラド水和剤	1000倍・100～300ℓ/10a	収穫前日まで	2回以内	散布	ハモグリバエ類
《ネオニコチノイド系(4A)》						
ダントツ粒剤	クロチアニジン粒剤	1g/株	定植時	1回	植穴土壌混和	マメハモグリバエ
ダントツ水溶剤	クロチアニジン水溶剤	2000倍(マメハモグリバエは2000～4000倍)・100～300ℓ/10a	収穫前日まで	3回以内	散布	ハモグリバエ類、マメハモグリバエ
スタークル/アルバリン粒剤	ジノテフラン粒剤	2g/株	育苗期	1回	株元散布	ハモグリバエ類
スタークル/アルバリン粒剤	ジノテフラン粒剤	1～2g/株	定植時	1回	植穴土壌混和	ハモグリバエ類
アクタラ顆粒水溶剤	チアメトキサム水溶剤	2000倍・100～300ℓ/10a	収穫前日まで	3回以内	散布	マメハモグリバエ
アクタラ粒剤5	チアメトキサム粒剤	1g/株	定植時	1回	植穴土壌混和	マメハモグリバエ
《シロマジン(17)》						
トリガード液剤	シロマジン液剤	1000倍・100～300ℓ/10a	収穫前日まで	3回以内	散布	マメハモグリバエ
《ベンゾイル尿素系(15)》						
カウンター乳剤	ノバルロン乳剤	2000～3000倍・100～300ℓ/10a	収穫前日まで	4回以内	散布	ハモグリバエ類
カスケード乳剤	フルフェノクスロン乳剤	2000倍・100～300ℓ/10a	収穫前日まで	4回以内	散布	マメハモグリバエ

ナス②

商品名	一般名	使用倍数・量	使用時期	使用回数	使用方法	適用作物・害虫
《UN》						
プレオフロアブル	ピリダリル水和剤	1000倍・100〜300ℓ/10a	収穫前日まで	4回以内	散布	ハモグリバエ類
《混合系》						
ミネクトデュオ粒剤	シアントラニリプロール・チアメトキサム粒剤	2g/株	鉢上時〜育苗期後半	1回	株元散布	ハモグリバエ類
《生物農薬》						
ヒメトップ	イサエアヒメコバチ	2〜8ボトル(200〜800頭)/10a	発生初期	—	放飼	野菜類(施設栽培):ハモグリバエ類
ミドリヒメ	ハモグリミドリヒメコバチ	100頭/10a	発生初期	—	放飼	野菜類(施設栽培):ハモグリバエ類

ネギ①

商品名	一般名	使用倍数・量	使用時期	使用回数	使用方法	適用作物・害虫
《ジアミド系(28)》						
プレバソンフロアブル5	クロラントラニリプロール水和剤	100倍・0.5ℓ/セル成型育苗トレイ、ペーパーポット1冊(土壌約1.5〜4ℓ)	育苗期後半〜定植当日	1回	灌注	ハモグリバエ類
プレバソンフロアブル5	クロラントラニリプロール水和剤	2000倍・100〜300ℓ/10a	収穫3日前まで	3回以内	散布	ハモグリバエ類
ベネビアOD	シアントラニリプロール水和剤	2000倍・100〜300ℓ/10a	収穫前日まで	3回以内	散布	ネギハモグリバエ
ベリマークSC	シアントラニリプロール水和剤	400倍・0.5ℓ/セル成型育苗トレイ、ペーパーポット1冊(土壌約1.5〜4ℓ)	育苗期後半〜定植当日	1回	灌注	ネギハモグリバエ
ベリマークSC	シアントラニリプロール水和剤	2000倍・0.5ℓ/m^2	収穫7日前まで	1回	株元灌注	ネギハモグリバエ
《スピノシン系(5)》						
ディアナSC	スピネトラム水和剤	2500〜5000倍・100〜300ℓ/10a	収穫前日まで	2回以内	散布	ネギハモグリバエ
《アベルメクチン・ミルベマイシン系(6)》						
アグリメック	アバメクチン乳剤	500〜1000倍・100〜300ℓ/10a	収穫3日前まで	3回以内	散布	ネギハモグリバエ
アファーム乳剤	エマメクチン安息香酸塩乳剤	1000倍・100〜300ℓ/10a	収穫7日前まで	3回以内	散布	ネギハモグリバエ
アニキ乳剤	レピメクチン乳剤	1000倍・100〜300ℓ/10a	収穫3日前まで	3回以内	散布	ハモグリバエ類
《有機リン系(1B)》						
ダイアジノン水和剤34	ダイアジノン水和剤	600倍・100〜300ℓ/10a	収穫21日前まで	2回以内	散布	ネギハモグリバエ
ダイアジノン乳剤40	ダイアジノン乳剤	1000〜2000倍・100〜300ℓ/10a	収穫21日前まで	2回以内	散布	ネギハモグリバエ
マラソン乳剤	マラソン乳剤	1000倍・100〜300ℓ/10a	収穫7日前まで	6回以内	散布	ネギハモグリバエ、一部商品はハモグリバエ類
マラソン粉剤3	マラソン粉剤	3kg/10a	収穫7日前まで	6回以内	散布	ネギハモグリバエ
《ネライストキシン類縁体(14)》						
リーフガード顆粒水和剤	チオシクラム水和剤	1500倍・100〜300ℓ/10a	収穫7日前まで	2回以内	散布	ネギハモグリバエ
《ネオニコチノイド系(4A)》						
モスピラン粒剤	アセタミプリド粒剤	6kg/10a	播種時	1回	播溝土壌混和	ネギハモグリバエ
モスピラン粒剤	アセタミプリド粒剤	6kg/10a	植付時	1回	植溝土壌混和	ネギハモグリバエ
モスピラン粒剤	アセタミプリド粒剤	0.25〜0.5g/株	定植前日〜定植当日	1回	株元散布	ネギハモグリバエ
アドマイヤーフロアブル	イミダクロプリド水和剤	200倍・0.5ℓ/セル成型育苗トレイ、ペーパーポット1冊(土壌約1.5〜4ℓ)	定植前日〜定植時	1回	灌注	ネギハモグリバエ

ネギ②

商品名	一般名	使用倍数・量	使用時期	使用回数	使用方法	適用作物・害虫
ダントツ粒剤	クロチアニジン粒剤	3〜6kg/10a	収穫3日前まで	4回以内	株元散布	ネギハモグリバエ
ダントツ粒剤	クロチアニジン粒剤	6kg/10a	植付時	1回	植溝処理土壌混和	ネギハモグリバエ
ダントツ粒剤	クロチアニジン粒剤	6kg/10a	播種時	1回	作条処理土壌混和	ネギハモグリバエ
ダントツ水溶剤	クロチアニジン水溶剤	2000〜4000倍・100〜300ℓ/10a	収穫3日前まで	4回以内	散布	ネギハモグリバエ
スタークル/アルバリン粒剤	ジノテフラン粒剤	6〜9kg/10a	生育期(収穫3日前まで)	2回以内	株元散布	ハモグリバエ類
スタークル/アルバリン粒剤	ジノテフラン粒剤	6kg/10a	播種時	1回	播溝土壌混和	ハモグリバエ類
スタークル/アルバリン粒剤	ジノテフラン粒剤	6kg/10a	定植時	1回	株元散布	ハモグリバエ類
スタークル/アルバリン水溶剤	ジノテフラン水溶剤	400倍・0.4ℓ/m^2	生育期(収穫14日前まで)	1回	株元灌注	ハモグリバエ類
スタークル/アルバリン水溶剤	ジノテフラン水溶剤	50倍・0.5ℓ/セル成型育苗トレイ、ペーパーポット1冊(土壌約1.5〜4ℓ)	定植前日〜定植時	1回	灌注	ハモグリバエ類
アクタラ顆粒水溶剤	チアメトキサム水溶剤	1000〜2000倍・100〜300ℓ/10a	収穫3日前まで	3回以内	散布	ネギハモグリバエ
アクタラ粒剤5	チアメトキサム粒剤	6〜9kg/10a	植付時	1回	作条混和	ネギハモグリバエ
ベストガード水溶剤	ニテンピラム水溶剤	1000倍・100〜300ℓ/10a	収穫前日まで	3回以内	散布	ネギハモグリバエ
ベストガード粒剤	ニテンピラム粒剤	5g/培土1ℓ	播種時	1回	育苗培土混和	ネギハモグリバエ
ベストガード粒剤	ニテンピラム粒剤	6kg/10a	定植時	1回	植溝処理土壌混和	ネギハモグリバエ
ベストガード粒剤	ニテンピラム粒剤	6kg/10a	収穫前日まで	3回以内	株元処理	ネギハモグリバエ
《ベンゾイル尿素系(15)》						
カスケード乳剤	フルフェノクスロン乳剤	4000倍・100〜300ℓ/10a	収穫14日前まで	3回以内	散布	ネギハモグリバエ
《ピレスロイド・ピレトリン系(3A)》						
アグロスリン乳剤	シペルメトリン乳剤	2000倍・100〜300ℓ/10a	収穫7日前まで	5回以内	散布	ネギハモグリバエ
《ジチオカーバメート類および類縁体(8F)》						
バスアミド/ガスタード微粒剤	ダゾメット粉粒剤	30kg/10a	播種または定植14日前まで	1回	本剤の所定量を均一に散布して土壌と混和する	ネギハモグリバエ
《混合系》						
ボリアムガンダム顆粒水和剤	エマメクチン安息香酸塩・クロラントラニリプロール水和剤	2000倍・100〜300ℓ/10a	収穫7日前まで	3回以内	散布	ネギハモグリバエ
アベイル粒剤	アセタミプリド・シアントラニリプロール粒剤	40g/セル成型育苗トレイ、ペーパーポット1冊(土壌約1.5〜4ℓ)	育苗期後半〜定植当日	1回	株元散布	ネギハモグリバエ
アファームエクセラ顆粒水和剤	エマメクチン安息香酸塩・ルフェヌロン水和剤	1000倍・100〜300ℓ/10a	収穫7日前まで	3回以内	散布	ネギハモグリバエ
キックオフ顆粒水和剤	クロラントラニリプロール・ジノテフラン水和剤	100倍・0.5ℓ/セル成型育苗トレイ、ペーパーポット1冊(土壌約1.5〜4ℓ)	定植前日〜定植時	1回	灌注	ハモグリバエ類
ジュリボフロアブル	クロラントラニリプロール・チアメトキサム水和剤	200倍・0.5ℓ/セル成型育苗トレイ、ペーパーポット1冊(土壌約1.5〜4ℓ)	育苗期後半〜定植当日	1回	灌注	ネギハモグリバエ
《生物農薬》						
ヒメトップ	イサエアヒメコバチ	2〜8ボトル(200〜800頭)/10a	発生初期	—	放飼	野菜類(施設栽培):ハモグリバエ類
ミドリヒメ	ハモグリミドリヒメコバチ	100頭/10a	発生初期	—	放飼	野菜類(施設栽培):ハモグリバエ類

ワケギ

商品名	一般名	使用倍数・量	使用時期	使用回数	使用方法	適用作物・害虫
《有機リン系(1B)》						
ダイアジノン乳剤40	ダイアジノン乳剤	1000～2000倍・100～300ℓ/10a	収穫21日前まで	2回以内	散布	ネギハモグリバエ
《ネライストキシン類縁体(14)》						
リーフガード顆粒水和剤	チオシクラム水和剤	1500倍・100～300ℓ/10a	収穫7日前まで	2回以内	散布	ネギハモグリバエ
《ネオニコチノイド系(4A)》						
モスピラン粒剤	アセタミプリド粒剤	6kg/10a	播種時	1回	播溝土壌混和	ネギハモグリバエ
モスピラン粒剤	アセタミプリド粒剤	6kg/10a	植付時	1回	植溝土壌混和	ネギハモグリバエ
ダントツ粒剤	クロチアニジン粒剤	3～6kg/10a	収穫3日前まで	4回以内	株元散布	ネギハモグリバエ
ダントツ水溶剤	クロチアニジン水溶剤	2000～4000倍・100～300ℓ/10a	収穫3日前まで	4回以内	散布	ネギハモグリバエ
アクタラ顆粒水溶剤	チアメトキサム水溶剤	2000倍・100～300ℓ/10a	収穫3日前まで	3回以内	散布	ネギハモグリバエ
アクタラ粒剤5	チアメトキサム粒剤	6kg/10a	植付時	1回	作条混和	ネギハモグリバエ
ベストガード粒剤	ニテンピラム粒剤	6kg/10a	定植時	1回	植溝処理土壌混和	ネギハモグリバエ
ベストガード粒剤	ニテンピラム粒剤	6kg/10a	収穫前日まで	3回以内	株元処理	ネギハモグリバエ
《ピレスロイド・ピレトリン系(3A)》						
アグロスリン乳剤	シペルメトリン乳剤	2000倍・100～300ℓ/10a	収穫3日前まで	2回以内	散布	ネギハモグリバエ
《生物農薬》						
ヒメトップ	イサエアヒメコバチ	2～8ボトル(200～800頭)/10a	発生初期	—	放飼	野菜類(施設栽培):ハモグリバエ類
ミドリヒメ	ハモグリミドリヒメコバチ	100頭/10a	発生初期	—	放飼	野菜類(施設栽培):ハモグリバエ類

タマネギ

商品名	一般名	使用倍数・量	使用時期	使用回数	使用方法	適用作物・害虫
《スピノシン系(5)》						
ディアナSC	スピネトラム水和剤	2500～5000倍・100～300ℓ/10a	収穫前日まで	2回以内	散布	ネギハモグリバエ
《有機リン系(1B)》						
ダイアジノン乳剤40	ダイアジノン乳剤	1000～2000倍・100～300ℓ/10a	収穫21日前まで	2回以内	散布	ネギハモグリバエ
マラソン乳剤	マラソン乳剤	1000倍・100～300ℓ/10a	収穫7日前まで	6回以内	散布	ハモグリバエ類
マラソン粉剤3	マラソン粉剤	3kg/10a	収穫7日前まで	6回以内	散布	ネギハモグリバエ
《ピレスロイド・ピレトリン系(3A)》						
アグロスリン乳剤	シペルメトリン乳剤	2000倍・100～300ℓ/10a	収穫7日前まで	5回以内	散布	ネギハモグリバエ

ニラ

商品名	一般名	使用倍数・量	使用時期	使用回数	使用方法	適用作物・害虫
《ピレスロイド・ピレトリン系(3A)》						
アグロスリン乳剤	シペルメトリン乳剤	2000倍・100～300ℓ/10a	収穫7日前まで	3回以内	散布	ハモグリバエ類

ラッキョウ

商品名	一般名	使用倍数・量	使用時期	使用回数	使用方法	適用作物・害虫
《ジアミド系(28)》						
プレバソンフロアブル5	クロラントラニリプロール水和剤	2000倍・100～300ℓ/10a	収穫3日前まで	3回以内	散布	ハモグリバエ類
《混合系》						
ビリーブ水和剤	シハロトリン・ジフルベンズロン水和剤	1500倍・100～300ℓ/10a	収穫14日前まで	3回以内	散布	ネギハモグリバエ

レタス①

商品名	一般名	使用倍数・量	使用時期	使用回数	使用方法	適用作物・害虫
《ジアミド系(28)》						
プレバソン粒剤	クロラントラニリプロール粒剤	1g/株	育苗期後半～定植時	1回	株元散布	ナモグリバエ
プレバソン粒剤	クロラントラニリプロール粒剤	50g/セル成型育苗トレイ、ペーパーポット1冊(土壌約1.5～4ℓ)	育苗期後半～定植当日	1回	本剤の所定量をセル成型育苗トレイまたはペーパーポットの上から均一に散布する	ナモグリバエ
プレバソンフロアブル5	クロラントラニリプロール水和剤	100倍・0.5ℓ/セル成型育苗トレイ、ペーパーポット1冊(土壌約1.5～4ℓ)	育苗期後半～定植当日	1回	灌注	ハモグリバエ類
プレバソンフロアブル5	クロラントラニリプロール水和剤	1000～2000倍・100～300ℓ/10a	収穫前日まで	3回以内	散布	ハモグリバエ類
プリロッソ粒剤	シアントラニリプロール粒剤	1g/株	育苗期後半～定植時	1回	株元散布	ハモグリバエ類
プリロッソ粒剤	シアントラニリプロール粒剤	50g/セル成型育苗トレイ、ペーパーポット1冊(土壌約1.5～4ℓ)	育苗期後半～定植当日	1回	本剤の所定量をセル成型育苗トレイまたはペーパーポットの上から均一に散布する	ハモグリバエ類
ベネビアOD	シアントラニリプロール水和剤	2000倍・100～300ℓ/10a	収穫前日まで	3回以内	散布	ナモグリバエ
ベリマークSC	シアントラニリプロール水和剤	400倍・0.5ℓ/セル成型育苗トレイ、ペーパーポット1冊(土壌約1.5～4ℓ)	育苗期後半～定植当日	1回	灌注	ナモグリバエ
《スピノシン系(5)》						
スピノエース顆粒水和剤	スピノサド水和剤	500～1000倍・0.5ℓ/セル成型育苗トレイ、ペーパーポット1冊(土壌約3ℓ)	定植前まで	1回	灌注	ハモグリバエ類
ディアナSC	スピネトラム水和剤	2500～5000倍・100～300ℓ/10a	収穫前日まで	2回以内	散布	ハモグリバエ類
《アベルメクチン・ミルベマイシン系(6)》						
アファーム乳剤	エマメクチン安息香酸塩乳剤	1000～2000倍・100～300ℓ/10a	収穫3日前まで	3回以内	散布	ナモグリバエ
《METI系(21A)》						
ハチハチ乳剤	トルフェンピラド乳剤	1000～2000倍・100～300ℓ/10a	収穫3日前まで	2回以内	散布	ナモグリバエ
ハチハチフロアブル	トルフェンピラド水和剤	1000～2000倍・100～300ℓ/10a	収穫3日前まで	2回以内	散布	ナモグリバエ
《ネライストキシン類縁体(14)》						
パダンSG水溶剤	カルタップ水溶剤	1500倍・100～300ℓ/10a	収穫14日前まで	3回以内	散布	ハモグリバエ類
リーフガード顆粒水和剤	チオシクラム水和剤	1500倍・100～300ℓ/10a	収穫7日前まで	2回以内	散布	ナモグリバエ

レタス②

商品名	一般名	使用倍数・量	使用時期	使用回数	使用方法	適用作物・害虫
《ネオニコチノイド系(4A)》						
モスピラン水溶剤	アセタミプリド水溶剤	2000〜4000倍・100〜300ℓ/10a	収穫前日まで	3回以内	散布	ナモグリバエ
モスピラン粒剤	アセタミプリド粒剤	0.5g/株	定植前日〜定植当日	1回	株元散布	ナモグリバエ
ダントツ水溶剤	クロチアニジン水溶剤	2000倍・100〜300ℓ/10a	収穫3日前まで	2回以内	散布	ナモグリバエ
スタークル/アルバリン粒剤	ジノテフラン粒剤	15g/培土1ℓ	播種前	1回	培土混和	ナモグリバエ
スタークル/アルバリン粒剤	ジノテフラン粒剤	1g/株	育苗期後半	1回	株元散布	ナモグリバエ
スタークル/アルバリン粒剤	ジノテフラン粒剤	2g/株	定植時	1回	植穴土壌混和	ナモグリバエ
スタークル/アルバリン水溶剤	ジノテフラン水溶剤	50〜100倍・0.5ℓ/セル成型育苗トレイ、ペーパーポット1冊(土壌約1.5〜4ℓ)	定植前日〜定植時	1回	灌注	ナモグリバエ
クルーザー48	チアメトキサム水和剤	原液・0.83〜1.66mℓ/乾燥種子1000粒	播種前	1回	種子処理機による塗沫処理	ハモグリバエ類
アクタラ粒剤5	チアメトキサム粒剤	15g/培土1ℓ	播種前	1回	床土混和	ナモグリバエ
アクタラ粒剤5	チアメトキサム粒剤	0.5g/株	育苗期後半	1回	株元散布	ナモグリバエ
ベストガード粒剤	ニテンピラム粒剤	10g/培土1ℓ	播種時	1回	育苗培土混和	ナモグリバエ
ベストガード粒剤	ニテンピラム粒剤	0.5〜1g/株	育苗期後半	1回	株元処理	ナモグリバエ
《ピロール(13)》						
コテツフロアブル	クロルフェナピル水和剤	2000倍・100〜300ℓ/10a	収穫前日まで	2回以内	散布	ナモグリバエ
《UN》						
プレオフロアブル	ピリダリル水和剤	1000倍・100〜300ℓ/10a	収穫7日前まで	2回以内	散布	ナモグリバエ
《混合系》						
アクセルキングフロアブル	トルフェンピラド・メタフルミゾン水和剤	1000〜1500倍・100〜300ℓ/10a	収穫3日前まで	2回以内	散布	ナモグリバエ
アベイル粒剤	アセタミプリド・シアントラニリプロール粒剤	40g/セル成型育苗トレイ、ペーパーポット1冊(土壌約1.5〜4ℓ)	育苗期後半〜定植当日	1回	株元散布	ナモグリバエ
ガードナーフロアブル	イミダクロプリド・スピノサド水和剤	200倍・0.5ℓ/セル成型育苗トレイ、ペーパーポット1冊(土壌約1.5〜4ℓ)	定植当日	1回	灌注	ナモグリバエ
ボリアムガンダム顆粒水和剤	エマメクチン安息香酸塩・クロラントラニリプロール水和剤	2000倍・100〜300ℓ/10a	収穫3日前まで	3回以内	散布	ナモグリバエ
アファームエクセラ顆粒水和剤	エマメクチン安息香酸塩・ルフェヌロン水和剤	1000倍・100〜300ℓ/10a	収穫3日前まで	3回以内	散布	ナモグリバエ
キックオフ顆粒水和剤	クロラントラニリプロール・ジノテフラン水和剤	100倍・0.5ℓ/セル成型育苗トレイ、ペーパーポット1冊(土壌約1.5〜4ℓ)	定植前日〜定植時	1回	灌注	ナモグリバエ
ジュリボフロアブル	クロラントラニリプロール・チアメトキサム水和剤	200倍・0.5ℓ/セル成型育苗トレイ、ペーパーポット1冊(土壌約1.5〜4ℓ)	育苗期後半〜定植当日	1回	灌注	ナモグリバエ
ミネクトデュオ粒剤	シアントラニリプロール・チアメトキサム粒剤	40g/セル成型育苗トレイ、ペーパーポット1冊(土壌約1.5〜4ℓ)	育苗期後半	1回	散布	ナモグリバエ

ハクサイ

商品名	一般名	使用倍数・量	使用時期	使用回数	使用方法	適用作物・害虫
《混合系》						
アクセルキングフロアブル	トルフェンピラド・メタフルミゾン水和剤	1000倍・100〜300ℓ/10a	収穫14日前まで	2回以内	散布	ナモグリバエ

ダイコン

商品名	一般名	使用倍数・量	使用時期	使用回数	使用方法	適用作物・害虫
《ジアミド系(28)》						
プレバソンフロアブル5	クロラントラニリプロール水和剤	2000倍・100〜300ℓ/10a	収穫前日まで	3回以内	散布	ハモグリバエ類
ベネビアOD	シアントラニリプロール水和剤	2000倍・100〜300ℓ/10a	収穫前日まで	3回以内	散布	ハモグリバエ類
《スピノシン系(5)》						
ディアナSC	スピネトラム水和剤	2500〜5000倍・100〜300ℓ/10a	収穫前日まで	2回以内	散布	ハモグリバエ類
《METI系(21A)》						
ハチハチ乳剤	トルフェンピラド乳剤	1000〜2000倍・100〜300ℓ/10a	収穫14日前まで	2回以内	散布	ナモグリバエ
《有機リン系(1B)》						
マラソン乳剤	マラソン乳剤	1000倍・100〜300ℓ/10a	収穫14日前まで	6回以内	散布	ナモグリバエ、一部商品はハモグリバエ類
《ネライストキシン類縁体(14)》						
パダンSG水溶剤	カルタップ水溶剤	1500倍・100〜300ℓ/10a	収穫7日前まで	3回以内	散布	ハモグリバエ類
《混合系》						
アクセルキングフロアブル	トルフェンピラド・メタフルミゾン水和剤	1500倍・100〜300ℓ/10a	収穫14日前まで	2回以内	散布	ナモグリバエ

カブ

商品名	一般名	使用倍数・量	使用時期	使用回数	使用方法	適用作物・害虫
《スピノシン系(5)》						
スピノエース顆粒水和剤	スピノサド水和剤	5000倍・100〜300ℓ/10a	収穫前日まで	3回以内	散布	ハモグリバエ類
《METI系(21A)》						
ハチハチ乳剤	トルフェンピラド乳剤	2000倍・100〜300ℓ/10a	収穫7日前まで	2回以内	散布	ナモグリバエ
《有機リン系(1B)》						
マラソン乳剤	マラソン乳剤	1000倍・100〜300ℓ/10a	収穫14日前まで	4回以内	散布	ナモグリバエ、一部商品はハモグリバエ類
《ピロール(13)》						
コテツフロアブル	クロルフェナピル水和剤	2000倍・100〜300ℓ/10a	収穫前日まで	2回以内	散布	ナモグリバエ

コマツナ

商品名	一般名	使用倍数・量	使用時期	使用回数	使用方法	適用作物・害虫
《スピノシン系(5)》						
スピノエース顆粒水和剤	スピノサド水和剤	2500〜5000倍・100〜300ℓ/10a	収穫14日前まで	2回以内	散布	非結球アブラナ科葉菜類:ハモグリバエ類
《アベルメクチン・ミルベマイシン系(6)》						
アニキ乳剤	レピメクチン乳剤	1000〜2000倍・100〜300ℓ/10a	収穫前日まで	3回以内	散布	非結球アブラナ科葉菜類:ハモグリバエ類
《ベンゾイル尿素系(15)》						
カスケード乳剤	フルフェノクスロン乳剤	2000倍・100〜300ℓ/10a	収穫7日前まで	2回以内	散布	非結球アブラナ科葉菜類:マメハモグリバエ
《生物農薬》						
ヒメトップ	イサエアヒメコバチ	2〜8ボトル(200〜800頭)/10a	発生初期	—	放飼	野菜類(施設栽培):ハモグリバエ類
ミドリヒメ	ハモグリミドリヒメコバチ	100頭/10a	発生初期	—	放飼	野菜類(施設栽培):ハモグリバエ類

チンゲンサイ

商品名	一般名	使用倍数・量	使用時期	使用回数	使用方法	適用作物・害虫
《スピノシン系(5)》						
スピノエース顆粒水和剤	スピノサド水和剤	2500〜5000倍・100〜300ℓ/10a	収穫14日前まで	2回以内	散布	非結球アブラナ科葉菜類:ハモグリバエ類
ディアナSC	スピネトラム水和剤	2500〜5000倍・100〜300ℓ/10a	収穫前日まで	2回以内	散布	ハモグリバエ類
《アベルメクチン・ミルベマイシン系(6)》						
アニキ乳剤	レピメクチン乳剤	1000〜2000倍・100〜300ℓ/10a	収穫前日まで	3回以内	散布	非結球アブラナ科葉菜類:ハモグリバエ類
《ネライストキシン類縁体(14)》						
パダンSG水溶剤	カルタップ水溶剤	1500倍・100〜300ℓ/10a	収穫7日前まで	3回以内	散布	ハモグリバエ類
エビセクト水和剤	チオシクラム水和剤	1000倍	収穫7日前まで	2回以内	散布	マメハモグリバエ
《ネオニコチノイド系(4A)》						
ダントツ水溶剤	クロチアニジン水溶剤	2000倍・100〜300ℓ/10a	収穫7日前まで	3回以内	散布	ハモグリバエ類
アクタラ粒剤5	チアメトキサム粒剤	6kg/10a	定植時	1回	作条混和	ハモグリバエ類
《シロマジン(17)》						
トリガード液剤	シロマジン液剤	1000倍・100〜300ℓ/10a	収穫7日前まで	2回以内	散布	ハモグリバエ類
《ベンゾイル尿素系(15)》						
カスケード乳剤	フルフェノクスロン乳剤	2000倍・100〜300ℓ/10a	収穫7日前まで	2回以内	散布	非結球アブラナ科葉菜類:マメハモグリバエ
《混合系》						
アファームエクセラ顆粒水和剤	エマメクチン安息香酸塩・ルフェヌロン水和剤	1000倍・100〜300ℓ/10a	収穫3日前まで	3回以内	散布	ハモグリバエ類
《生物農薬》						
ヒメトップ	イサエアヒメコバチ	2〜8ボトル(200〜800頭)/10a	発生初期	—	放飼	野菜類(施設栽培):ハモグリバエ類
ミドリヒメ	ハモグリミドリヒメコバチ	100頭/10a	発生初期	—	放飼	野菜類(施設栽培):ハモグリバエ類

シュンギク

商品名	一般名	使用倍数・量	使用時期	使用回数	使用方法	適用作物・害虫
《アベルメクチン・ミルベマイシン系(6)》						
アファーム乳剤	エマメクチン安息香酸塩乳剤	2000倍・100〜300ℓ/10a	収穫7日前まで	2回以内	散布	マメハモグリバエ
《ネライストキシン類縁体(14)》						
エビセクト水和剤	チオシクラム水和剤	2000倍	収穫14日前まで	2回以内	散布	マメハモグリバエ
《ネオニコチノイド系(4A)》						
スタークル/アルバリン粒剤	ジノテフラン粒剤	9kg/10a	播種時	1回	播溝土壌混和	ハモグリバエ類
スタークル/アルバリン粒剤	ジノテフラン粒剤	9kg/10a	定植時	1回	植溝土壌混和	ハモグリバエ類
アクタラ顆粒水溶剤	チアメトキサム水溶剤	2000倍・100〜300ℓ/10a	収穫14日前まで	3回以内	散布	ナモグリバエ
アクタラ粒剤5	チアメトキサム粒剤	6kg/10a	播種時	1回	作条混和	ハモグリバエ類
ベストガード粒剤	ニテンピラム粒剤	9kg/10a	収穫3日前まで	1回	生育期株元処理	マメハモグリバエ
ベストガード粒剤	ニテンピラム粒剤	9kg/10a	定植時	1回	植溝処理土壌混和	マメハモグリバエ
《シロマジン(17)》						
トリガード液剤	シロマジン液剤	1000倍・100〜300ℓ/10a	収穫7日前まで	2回以内	散布	ハモグリバエ類
《ベンゾイル尿素系(15)》						
カスケード乳剤	フルフェノクスロン乳剤	2000〜4000倍・100〜300ℓ/10a	収穫7日前まで	2回以内	散布	マメハモグリバエ
《生物農薬》						
ヒメトップ	イサエアヒメコバチ	2〜8ボトル(200〜800頭)/10a	発生初期	—	放飼	野菜類(施設栽培):ハモグリバエ類
ミドリヒメ	ハモグリミドリヒメコバチ	100頭/10a	発生初期	—	放飼	野菜類(施設栽培):ハモグリバエ類

ホウレンソウ

商品名	一般名	使用倍数・量	使用時期	使用回数	使用方法	適用作物・害虫
《スピノシン系(5)》						
スピノエース顆粒水和剤	スピノサド水和剤	5000倍・100〜300ℓ/10a	収穫前日まで	2回以内	散布	アシグロハモグリバエ
ディアナSC	スピネトラム水和剤	2500〜5000倍・100〜300ℓ/10a	収穫前日まで	2回以内	散布	ハモグリバエ類
《ネライストキシン類縁体(14)》						
パダンSG水溶剤	カルタップ水溶剤	1500倍・100〜300ℓ/10a	収穫7日前まで	2回以内	散布	アシグロハモグリバエ
《ベンゾイル尿素系(15)》						
カスケード乳剤	フルフェノクスロン乳剤	4000倍・100〜300ℓ/10a	収穫3日前まで	3回以内	散布	マメハモグリバエ、アシグロハモグリバエ
《生物農薬》						
ヒメトップ	イサエアヒメコバチ	2〜8ボトル(200〜800頭)/10a	発生初期	—	放飼	野菜類(施設栽培):ハモグリバエ類
ミドリヒメ	ハモグリミドリヒメコバチ	100頭/10a	発生初期	—	放飼	野菜類(施設栽培):ハモグリバエ類

テンサイ

商品名	一般名	使用倍数・量	使用時期	使用回数	使用方法	適用作物・害虫
《ベンゾイル尿素系(15)》						
カウンター乳剤	ノバルロン乳剤	3000倍・100～300ℓ/10a	収穫7日前まで	2回以内	散布	アシグロハモグリバエ
カスケード乳剤	フルフェノクスロン乳剤	4000倍・100～300ℓ/10a	収穫7日前まで	4回以内	散布	アシグロハモグリバエ
マッチ乳剤	ルフェヌロン乳剤	3000倍・100～300ℓ/10a	収穫14日前まで	2回以内	散布	アシグロハモグリバエ

インゲンマメ

商品名	一般名	使用倍数・量	使用時期	使用回数	使用方法	適用作物・害虫
《ジアミド系(28)》						
プレバソンフロアブル5	クロラントラニリプロール水和剤	2000倍・100～300ℓ/10a	収穫前日まで	3回以内	散布	サヤインゲン:ハモグリバエ類
《スピノシン系(5)》						
ディアナSC	スピネトラム水和剤	2500～5000倍・100～300ℓ/10a	収穫前日まで	2回以内	散布	豆類(未成熟):ハモグリバエ類
《アベルメクチン・ミルベマイシン系(6)》						
アファーム乳剤	エマメクチン安息香酸塩乳剤	2000倍・100～300ℓ/10a	収穫前日まで	2回以内	散布	サヤインゲン:マメハモグリバエ
《有機リン系(1B)》						
マラソン乳剤	マラソン乳剤	1000倍・100～300ℓ/10a	収穫7日前まで	3回以内	散布	インゲンマメ、豆類(未成熟):ハモグリバエ類
マラソン粉剤3	マラソン粉剤	3kg/10a	収穫7日前まで	3回以内	散布	インゲンマメ、サヤインゲン:ハモグリバエ類
《ネライストキシン類縁体(14)》						
パダンSG水溶剤	カルタップ水溶剤	1500倍・100～300ℓ/10a	収穫前日まで	3回以内	散布	サヤインゲン:マメハモグリバエ
《ベンゾイル尿素系(15)》						
カスケード乳剤	フルフェノクスロン乳剤	2000倍・100～300ℓ/10a	収穫前日まで	2回以内	散布	サヤインゲン:マメハモグリバエ
《ピレスロイド・ピレトリン系(3A)》						
アディオン乳剤	ペルメトリン乳剤	3000倍・100～300ℓ/10a	収穫14日前まで	3回以内	散布	豆類(未成熟):ハモグリバエ類
《UN》						
プレオフロアブル	ピリダリル水和剤	1000倍・100～300ℓ/10a	収穫前日まで	2回以内	散布	豆類(未成熟):ハモグリバエ類
《生物農薬》						
ヒメトップ	イサエアヒメコバチ	2～8ボトル(200～800頭)/10a	発生初期	—	放飼	野菜類(施設栽培):ハモグリバエ類
ミドリヒメ	ハモグリミドリヒメコバチ	100頭/10a	発生初期	—	放飼	野菜類(施設栽培):ハモグリバエ類

エンドウ

商品名	一般名	使用倍数・量	使用時期	使用回数	使用方法	適用作物・害虫
《ジアミド系(28)》						
プレバソンフロアブル5	クロラントラニリプロール水和剤	2000倍・100～300ℓ/10a	収穫前日まで	3回以内	散布	サヤエンドウ、実エンドウ:ハモグリバエ類
《スピノシン系(5)》						
スピノエース顆粒水和剤	スピノサド水和剤	5000倍・100～300ℓ/10a	収穫前日まで	2回以内	散布	実エンドウ:ハモグリバエ類
ディアナSC	スピネトラム水和剤	2500～5000倍・100～300ℓ/10a	収穫前日まで	2回以内	散布	豆類(未成熟):ハモグリバエ類
《アベルメクチン・ミルベマイシン系(6)》						
アファーム乳剤	エマメクチン安息香酸塩乳剤	2000倍・100～300ℓ/10a	収穫3日前まで	2回以内	散布	豆類(未成熟):ハモグリバエ類
《METI系(21A)》						
ハチハチフロアブル	トルフェンピラド水和剤	1000～2000倍・100～300ℓ/10a	収穫前日まで	2回以内	散布	サヤエンドウ、実エンドウ:ナモグリバエ
《有機リン系(1B)》						
マラソン乳剤	マラソン乳剤	1000倍・100～300ℓ/10a	収穫7日前まで	3回以内	散布	エンドウマメ、豆類(未成熟):ハモグリバエ類
マラソン粉剤3	マラソン粉剤	3kg/10a	収穫7日前まで	3回以内	散布	エンドウマメ、サヤエンドウ:ハモグリバエ類
エルサン乳剤	PAP乳剤	1000～1500倍・100～300ℓ/10a	収穫28日前まで	1回	散布	サヤエンドウ:エンドウハモグリバエ
《ネライストキシン類縁体(14)》						
パダンSG水溶剤	カルタップ水溶剤	1500～3000倍・100～300ℓ/10a	収穫前日まで	3回以内	散布	サヤエンドウ、実エンドウ:ナモグリバエ
《ネオニコチノイド系(4A)》						
スタークル/アルバリン水溶剤	ジノテフラン水溶剤	2000倍・100～300ℓ/10a	収穫前日まで	2回以内	散布	サヤエンドウ、実エンドウ:ハモグリバエ類
スタークル/アルバリン粒剤	ジノテフラン粒剤	9kg/10a	生育期(収穫開始14日前まで)	1回	株元散布	サヤエンドウ、実エンドウ:ハモグリバエ類
《ピレスロイド・ピレトリン系(3A)》						
スカウトフロアブル	トラロメトリン水和剤	1500倍・100～300ℓ/10a	収穫前日まで	2回以内	散布	サヤエンドウ、実エンドウ:ナモグリバエ
アディオン乳剤	ペルメトリン乳剤	3000倍・100～300ℓ/10a	収穫前日まで	3回以内	散布	サヤエンドウ:ナモグリバエ
《UN》						
プレオフロアブル	ピリダリル水和剤	1000倍・100～300ℓ/10a	収穫前日まで	2回以内	散布	豆類(未成熟):ハモグリバエ類
《生物農薬》						
ヒメトップ	イサエアヒメコバチ	2～8ボトル(200～800頭)/10a	発生初期	—	放飼	野菜類(施設栽培):ハモグリバエ類
ミドリヒメ	ハモグリミドリヒメコバチ	100頭/10a	発生初期	—	放飼	野菜類(施設栽培):ハモグリバエ類

家庭菜園（トマト・ミニトマト・キュウリ・ナス・ネギ）

商品名	一般名	使用倍数・量	使用時期	使用回数	使用方法	適用作物・害虫
《有機リン系（1B）》						
マラソン乳剤	マラソン乳剤	1000倍・100〜300mℓ/m^2	収穫7日前まで	6回以内	散布	ネギ：ネギハモグリバエ
《ネオニコチノイド系（4A）》						
ベニカ水溶剤	クロチアニジン水溶剤	2000倍・100〜300mℓ/m^2	収穫前日まで	3回以内	散布	トマト、ミニトマト：ハモグリバエ類
ベニカ水溶剤	クロチアニジン水溶剤	2000〜4000倍・100〜300mℓ/m^2	収穫前日まで	3回以内	散布	ナス：ハモグリバエ類
ベニカ水溶剤	クロチアニジン水溶剤	2000〜4000倍・100〜300mℓ/m^2	収穫3日前まで	4回以内	散布	ネギ：ネギハモグリバエ
ベニカXファインスプレー	クロチアニジン・フェンプロパトリン・メパニピリム水和剤	原液	収穫前日まで	3回以内	散布	トマト、ナス：ハモグリバエ類
ベニカベジフルスプレー	クロチアニジン液剤	原液	収穫前日まで	3回以内	散布	ナス：ハモグリバエ類
スターガード粒剤	ジノテフラン粒剤	1〜2g/株	定植時	1回	植穴土壌混和	トマト、ミニトマト、ナス：ハモグリバエ類
スターガード粒剤	ジノテフラン粒剤	2g/株	定植時	1回	植穴土壌混和	キュウリ：ハモグリバエ類
スターガード粒剤	ジノテフラン粒剤	6g/m^2	生育期ただし収穫3日前まで	2回以内	株元散布	ネギ：ハモグリバエ類
スターガード粒剤	ジノテフラン粒剤	6g/m^2	定植時	1回	株元散布	ネギ：ハモグリバエ類
カダンスプレーEX	チアメトキサム液剤	原液	収穫前日まで	3回以内	散布	ナス：マメハモグリバエ

キク

商品名	一般名	使用倍数・量	使用時期	使用回数	使用方法	適用作物・害虫
《スピノシン系(5)》						
スピノエース顆粒水和剤	スピノサド水和剤	5000倍・100～300ℓ/10a	発生初期	2回以内	散布	キク:ハモグリバエ類
ディアナSC	スピネトラム水和剤	2500～5000倍・100～300ℓ/10a	発生初期	2回以内	散布	花き類・観葉植物:ハモグリバエ類
《アベルメクチン・ミルベマイシン系(6)》						
アファーム乳剤	エマメクチン安息香酸塩乳剤	1000倍・100～300ℓ/10a	発生初期	5回以内	散布	花き類・観葉植物:ハモグリバエ類
コロマイト乳剤	ミルベメクチン乳剤	1500倍・100～300ℓ/10a	—	2回以内	散布	キク:ハモグリバエ類
アニキ乳剤	レピメクチン乳剤	1000倍・100～300ℓ/10a	発生初期	6回以内	散布	キク:マメハモグリバエ
《METI系(21A)》						
ハチハチ乳剤	トルフェンピラド乳剤	1000倍・100～300ℓ/10a	発生初期	4回以内	散布	キク:ハモグリバエ類
《有機リン系(1B)》						
オルトラン水和剤	アセフェート水和剤	1000倍・100～300ℓ/10a	発生初期	5回以内	散布	キク:マメハモグリバエ
オルトラン粒剤	アセフェート粒剤	6kg/10a	発生初期	5回以内	散布	キク:ハモグリバエ類
ジェイエース水溶剤	アセフェート水溶剤	1000倍・100～300ℓ/10a	発生初期	5回以内	散布	キク:マメハモグリバエ
ジェイエース粒剤	アセフェート粒剤	6～9kg/10a	発生初期	5回以内	散布	キク:マメハモグリバエ
カルホス乳剤	イソキサチオン乳剤	1000倍・100～300ℓ/10a	—	4回以内	散布	キク:マメハモグリバエ
《ネオニコチノイド系(4A)》						
モスピラン粒剤	アセタミプリド粒剤	1g/株	定植時	1回	植穴土壌混和	キク:ハモグリバエ類
ダントツ水溶剤	クロチアニジン水溶剤	4000倍・1ℓ/m²	発生初期	4回以内	生育期株元灌注	キク:ナモグリバエ
ダントツ水溶剤	クロチアニジン水溶剤	2000～4000倍・100～300ℓ/10a	発生初期	4回以内	散布	キク:ハモグリバエ類
ダントツ粒剤	クロチアニジン粒剤	2g/株	発生初期	4回以内	生育期株元散布	キク:マメハモグリバエ
スタークル/アルバリン水溶剤	ジノテフラン水溶剤	1000～2000倍・1ℓ/m²	発生初期	5回以内	灌注	キク:ハモグリバエ類
スタークル/アルバリン粒剤	ジノテフラン粒剤	2g/株(30kg/10a)	定植時	1回	植穴土壌混和	キク:マメハモグリバエ
アクタラ顆粒水溶剤	チアメトキサム水溶剤	2000倍・100～300ℓ/10a	発生初期	6回以内	散布	キク:ハモグリバエ類
ベストガード粒剤	ニテンピラム粒剤	2g/株	発生初期	4回	生育期株元処理	キク:マメハモグリバエ
《シロマジン(17)》						
トリガード液剤	シロマジン液剤	1000倍・100～300ℓ/10a	発生初期	4回以内	散布	花き類・観葉植物:マメハモグリバエ
《ベンゾイル尿素系(15)》						
カスケード乳剤	フルフェノクスロン乳剤	2000倍・100～300ℓ/10a	—	3回以内	散布	キク:マメハモグリバエ
マッチ乳剤	ルフェヌロン乳剤	1000倍・100～300ℓ/10a	発生初期	5回以内	散布	キク:マメハモグリバエ
《混合系》						
アクセルキングフロアブル	トルフェンピラド・メタフルミゾン水和剤	1000倍・100～300ℓ/10a	発生初期	4回以内	散布	キク:ハモグリバエ類

ガーベラ

商品名	一般名	使用倍数・量	使用時期	使用回数	使用方法	適用作物・害虫
《スピノシン系(5)》						
ディアナSC	スピネトラム水和剤	2500〜5000倍・100〜300ℓ/10a	発生初期	2回以内	散布	花き類・観葉植物:ハモグリバエ類
《アベルメクチン・ミルベマイシン系(6)》						
アファーム乳剤	エマメクチン安息香酸塩乳剤	1000倍・100〜300ℓ/10a	発生初期	5回以内	散布	花き類・観葉植物:ハモグリバエ類
アグリメック	アバメクチン乳剤	500倍・100〜300ℓ/10a	発生初期	5回以内	散布	ガーベラ:トマトハモグリバエ
《有機リン系(1B)》						
カルホス乳剤	イソキサチオン乳剤	1000倍・100〜300ℓ/10a	—	4回以内	散布	ガーベラ:マメハモグリバエ
《ネライストキシン類縁体(14)》						
パダンSG水溶剤	カルタップ水溶剤	1500倍・100〜300ℓ/10a	—	4回以内	散布	ガーベラ:マメハモグリバエ
《ネオニコチノイド系(4A)》						
スタークル/アルバリン水溶剤	ジノテフラン水溶剤	1000倍・1ℓ/m²	発生初期	5回以内	灌注	花き類・観葉植物:ハモグリバエ類
スタークル/アルバリン粒剤	ジノテフラン粒剤	2g/株(30kg/10a)	定植時	1回	植穴土壌混和	ガーベラ:マメハモグリバエ
アクタラ顆粒水溶剤	チアメトキサム水溶剤	2000倍・100〜300ℓ/10a	発生初期	6回以内	散布	花き類・観葉植物:ハモグリバエ類
《シロマジン(17)》						
トリガード液剤	シロマジン液剤	1000倍・100〜300ℓ/10a	発生初期	4回以内	散布	花き類・観葉植物:マメハモグリバエ
《ベンゾイル尿素系(15)》						
カスケード乳剤	フルフェノクスロン乳剤	2000倍・100〜300ℓ/10a	—	3回以内	散布	ガーベラ:マメハモグリバエ

著者略歴

徳丸　晋（とくまる　すすむ）

1972年、京都府生まれ。京都府立大学農学部卒。博士（農学）、技術士（農業部門）。1995年から京都府農業総合研究所（現・京都府農林水産技術センター）に勤務。ハモグリバエ類をはじめとする難防除害虫の生態の解明、防除法の開発に取り組む。現在、一般社団法人日本応用動物昆虫学会理事、関西病虫害研究会編集委員などを務める。

著書に『地球温暖化と南方性害虫』（共著、北隆館、2011）、『原色 野菜病害虫百科 第2版』（共著、農文協、2005）など。

特技：剣道参段、弓道弐段、虫の飼育、絶景撮影、身近な人のモノマネ。

ハモグリバエ　防除ハンドブック
6種を見分けるフローチャート付

2018年 7月10日　第 1 刷発行

著 者　徳丸 晋

発 行 所　一般社団法人　農 山 漁 村 文 化 協 会
〒107-8668　東京都港区赤坂 7 丁目 6 - 1
電話　03(3585)1141(代表)　03(3585)1147(編集)
FAX　03(3585)3668　振替　00120-3-144478
URL　http://www.ruralnet.or.jp/

ISBN978-4-540-15154-5　DTP製作／㈱農文協プロダクション
〈検印廃止〉　印刷・製本／凸版印刷㈱
©徳丸 晋 2018
Printed in Japan　定価はカバーに表示
乱丁・落丁本はお取り替えいたします。

農文協図書案内

天敵活用大事典

農文協 編

23000円＋税

天敵280余種を網羅し、1000点超の貴重な写真を掲載。第一線の研究者約120名が各種の生態と利用法を徹底解説。「天敵温存植物」「バンカー法」など天敵の保護・強化法、野菜・果樹11品目20地域の天敵活用事例も充実。

原色 野菜の病害虫診断事典

農文協 編

16000円＋税

51品目345病害、29品目182害虫について1400枚余、216頁のカラー写真で圃場そのままの病徴や被害を再現。病害虫の専門家129名が病害虫ごとに、被害と診断、生態、発生条件と対策の要点を解説。図解目次や索引で引きやすさも実現。

原色 果樹の病害虫診断事典

農文協 編

14000円＋税

17品目226病害、309害虫について約1900枚、260頁余のカラー写真で圃場そのままの病徴や被害を再現。病害虫の専門家92名が病害虫ごとに、被害と診断、生態、発生条件と対策の要点を解説。図解目次や索引で引きやすさも実現。

農薬・防除便覧

米山伸吾・近岡一郎・梅本清作 編

20000円＋税

全登録農薬を成分、剤型ごとに分類、解説。専用のオンラインサービスを通じ、失効、適用拡大など最新の適用情報もフォロー。「作物別防除基準」など薬剤選びのコンテンツも充実。農薬がわかり、選べて使える決定版。

ドクター古藤の家庭菜園診療所

古藤俊二 著

1500円＋税

JA資材センターの名物店長が、あなたの野菜つくりの疑問に答えます。栽培法はもちろん、ぼかし肥や発酵液などの手づくり肥料、病害虫防除の手づくり資材まで、あっと驚く独創的なワザ満載です。

マルハナバチを使いこなす
より元気に長く働いてもらうコツ

光畑雅宏 著

1800円＋税

マルハナバチは花粉を運んで植物の受粉を助けてくれる「運び屋」。本書はその農業利用について書かれた初めての解説書。より元気に長く働いてもらうためのコツが満載。トマトのほか、ナスやイチゴ、果樹での利用も解説。

（価格は改定になることがあります）